航海派
110年
統測適用
計概
60
DAYS
特攻本

序

同學們，怎麼唸才有效率？

99 課綱比原有的 95 課綱新增了有關如：電子商務、網路安全、網路犯罪等電腦網路在生活方面的知識，以及 Office 套裝軟體、影像、多媒體、工具軟體等多種軟體的應用，雖然可以提昇青年學子更多的資訊素養，但是也讓大家升學的擔子變得更加沈重。

我們不斷地在思索：如果剩下兩個月，考生應該要集中火力式的唸重點，可是重點在哪兒？

我們在思索，其實要考的只是一句話，考前還有時間唸上一大段文句嗎？是否可以在考前每天只花一個小時就能完整地明瞭命題委員所認定的命題重點！

這本書將會給你一個完全不同的感受，它擁有三項重大的特色：抓住重點、掌握趨勢、題目淬煉。可以運用一天 1 個小時完成一個重點單元，按部就班地完成計概的複習工作。

這本書的立足點在於作者群仔細思量後統計出一張 106 到 110 年的題數表，以此為基礎，構成本書的架構，排列出各單元的重要性順序，是故我們期望：除了抓住重點還掌握趨勢。而單元中的考題或是模擬試題，部分是修改自精華的考古題，部分則為新穎又屬於重點概念的題目，是出自作者群多年來的經驗，所以說：題目淬煉。因此作者群向你建議：與時間拔河的你，如果能由單元 1 逐步往後唸，那你的得分能力絕對會是最佳的！這就是我們講的效率。

*超人們！**It's Show Time~***

109 年 仲夏

夢想家資訊工場作者群 于 台中

106-109年統一入學測驗試題分析

單元名稱	106年	107年	108年	109年	平均百分比
Ch01 電腦科技與現代生活	9%	7%	8%	8%	8%
Ch02 電腦硬體知識	9%	11%	11%	13%	11%
Ch03 電腦作業系統	4%	5%	5%	5%	5%
Ch04 電腦軟體應用	9%	5%	8%	4%	7%
Ch05 電腦網路與應用	8%	11%	5%	5%	7%
Ch06 電腦網路原理	7%	4%	9%	4%	6%
Ch07 簡易網頁設計	7%	7%	8%	7%	7%
Ch08 電子商務	4%	4%	1%	1%	3%
Ch09 網路安全與法規	3%	3%	4%	1%	3%
Ch10 文書處理軟體	5%	8%	5%	8%	7%
Ch11 簡報軟體	5%	5%	5%	7%	6%
Ch12 試算表軟體	4%	5%	4%	5%	5%
Ch13 影像處理軟體	7%	7%	7%	9%	8%
Ch14 影音處理軟體	5%	3%	5%	7%	5%
Ch15 基本程式語言	14%	15%	13%	15%	14%

[目 錄]

單元 1

網頁設計

單元名稱	單元內容	106	107	108	109	考題數	總考題數
網頁設計	網頁設計	6	6	6	6	24	24

1. 網頁設計原則

(1) 內容充實、畫面美觀。

(2) 索引方便、互動性佳。

(3) 下載快速、時常更新。

2. 網頁設計軟體

(1) 網頁設計軟體：Dreamweaver、Expression Web、Namo、FrontPage 等。

(2) 文字編輯器：記事本、WordPad 等，需用 HTML 語法編寫。

(3) Microsoft Office 軟體：Word、Excel、PowerPoint 均可將文件存成網頁格式。

3. 網頁伺服器軟體

(1) IIS：Windows 作業系統的網頁伺服器軟體。

(2) Apache：開放原始碼的免費網頁伺服器軟體，可在大多數電腦作業系統中執行。

4. 網站架設軟體

(1) 可以用架站軟體自行架設網站伺服器。

(2) 網站架設軟體：架站軟體除了 Web Server 外還要 Database Server，常見的有 IIS+MS SQL 及 Apache +MySQL。

(3) LAMP：建置一個互動式的動態網站，可使用免費自由軟體架設：Linux+Apache+MySQL+PHP，簡稱為 LAMP。

5. HTML(超文字標註語言)

(1) 一種設計網頁的語言。

(2) 以 htm、html 做為副檔名，通常網站中的首頁是以 index 或 default 做為主檔名，常見的副檔名為 htm、html、asp 和 php。

(3) HTML 的基本語法：HTML 文件是由標籤(Tag)及文件內容所組成。文件內容可以是文字、圖形、甚至是影像、聲音、影片等。

(4) HTML 語法中，標籤(Tag)英文字母大小寫功能相同。

(5) HTML 文件的基本結構：

```
<html>
<head>
<title>......</title>
</head>
 :

<body>
 :
</body>
</html>
```

(6) 在 HTML 語法中，若為對稱性標籤，使用時需以對稱性來排列。如以<x><y><z>開始的標籤，則結尾標籤需以反向的順序排列，即</z></y></x>。

(7) 在 IE 中，選取功能表上『檢視／原始檔』，則該網頁的 HTML 文件會於「記事本」中開啟顯示。

(8) 常用的 HTML 語法標籤：

語法標籤	說　　明
<html> </html>	宣告一份 html 文件的開始與結束
<head> </head>	宣告 html 文件的開頭部分

語法標籤	說　　明
<body> </body>	宣告 html 的主體部分
<title> </title>	中間所夾的文字，即是在瀏覽器的標題列所看到的文字
<object> </object>	加入內嵌物件，用來在網頁內直接引用設計好的物件
＜!-- --＞	加入註解文字要放在＜!--與--＞之中
 	跳行
<p> </p>	分段。功能與 類似，但<p>跳行的距離較大(</p>可省略)
<hr>	加入水平的分隔線
<h1> </h1> … <h6> </h6>	①設定段落標題文字的大小，常用的有六個，其中<h1>最大，<h6>最小 ②這些標題需獨立成一行
<font size="n"> </font>	①設定文字的大小，n 為 1~7，由小到大 ②可設定不同大小的文字並列於同行中 ③除 size 大小外，亦可加入其他的文字屬性控制，如： • color="顏色"　　文字顏色 • face="字型"　　文字字型
<b> </b> <i> </i> <u> </u>	文字以粗體(bold)呈現 文字以斜體(italic)呈現 文字加上底線(underline)
<p align="left"> </p> <p align="right"> </p> <p align="center"> </p>	文字靠左對齊 文字靠右對齊 文字置中對齊(置中對齊亦可使用<center> </center>)
<img src="圖片檔名">	①表示插入一張圖片，圖片檔名需加上圖片所在位置的路徑(絕對路徑或相對路徑) ②可加入圖片屬性的控制。 如：(n 代表像素大小) • border="n"　　邊框大小

語法標籤	說　　明
	• height="n"　高度大小 • width="n"　寬度大小 • alt="文字"　游標置於圖片上時顯示的文字 ③網頁上支援的圖檔格式常見的有：GIF、JPEG、PNG。
<a href="網址">文字或圖片</a>	①表示在文字或圖片上加上超連結 ②若為圖片需配合<img src=" ">使用 ③網址若為「mailto:電子郵件信箱」，則可連結電子郵件 ④網址為「#錨點名稱」可連結至錨點 ⑤超連結的網址：分為絕對路徑網址和相對路徑網址 • 絕對路徑網址：包含完整位址，包括通訊協定、網頁伺服器、路徑和檔案名稱 • 相對路徑網址：網頁相對路徑位址 ⑥目標框架設定：target="框架名稱" • _self ：在原視窗中開啟 • _blank ：在新視窗中開啟 • _top ：在最上層視窗中開啟 • _parent ：在父系視窗中開啟
<a name="錨點名稱">文字或圖片</a>	①表示在文字或圖片上定義錨點 ②若為圖片，則需配合<img src=" ">使用
<table> </table>	①插入表格 ②中間可加入表格屬性的控制如：(n 代表像素大小) • border="n"　邊框大小 • height="n"　高度大小 • width="n"　寬度大小
<tr></tr> <td></td>	①<tr></tr>會產生一列 ②<td></td>會產生一個儲存格

語法標籤	說　　明
<frameset> <frame src="網頁檔名"> </frameset>	①可將網頁分割成不同的框架及設定框架中要顯示的網頁 ②frameset 屬性控制：(n 代表像素大小) • cols="n 或%"　分割左右子框架 • rows=" n 或%"　分割上下子框架 ＊例如：<FrameSet rows="10%,*,10%"> 分割成上下 3 個框架，最上邊及最下邊的框架各佔 10%寬度，其餘寬度為中間框架 • frameborder="0"或"1"　設定是否顯示框線(0 為否，1 為是) • border="n"　框線大小 • bordercolor ="顏色" ③網頁檔名需加上路徑(絕對路徑或相對路徑) ④儲存框架頁時，必須再儲存整體框架頁及個別的框架頁 ＊例如：建立一個分成上、中、下 3 個框架的網頁，儲存時須儲存成 4 個網頁檔案

6. 影像地圖

可以在一張圖片上不同的區域建立超連結，點選圖片中設定超連結的區域時，就可以連結到對應的內容。

7. XML(可延伸標記語言)

屬於 HTML 的延伸規格，可讓網頁設計者自行定義標籤(Tag)，即可讓使用者自行設計結構性資料及文件格式。常用的副檔名為.xml。

8. XHTML(可擴展超文件標示語言)

XHTML 承襲 HTML 語法，但限制更嚴謹，同時和原本的 HTML 相容，為 HTML 轉向 XML 的過渡方案。常用的副檔名是.xhtml。

9. VRML(虛擬實境建構語言)

用來描述三度空間互動世界的一種網頁語言格式，可用來建立三度空間物件、景象、以及虛擬實境的展示。

10. 腳本語言

(1) 製作網頁特效、網頁遊戲、互動式網頁。

(2) 在瀏覽器上執行的有 VBScript、JavaScript，在伺服器上執行的有 ASP、PHP、JSP。

11. CSS 與 RSS

(1) CSS(階層樣式表)是一種用來定義網頁資料(如文字、表格、圖片等)的樣式及特殊效果的標準，在網頁中套用相同的樣式表，可建立風格統一的網站。CSS 語法常加於<head>…</head>之間。

(2) RSS 是一種用來匯集及分發網頁內容的 XML 格式。網頁提供者可透過 RSS 來產生新聞標題、摘要等資料並傳播。使用者則是透過 RSS 來訂閱 BLOG、新聞及留言板等服務，並透過 RSS 閱讀軟體即時看到所有訂閱的文章、新聞及留言，而不用一個一個網頁尋找。

12. CMS

(1) CMS(Content Management System，內容管理系統)：將網站架設與網頁設計加以整合，提供模組直接套用，例如會員系統、討論區、新聞公告系統等，可加快網站開發的速度以及減少網頁開發的成本。

(2) 常見的 CMS：WordPress、XOOPS、Joomla！和 Drupal，皆是開放源碼的自由軟體(Free Software)。

13. Web 1.0 / Web 2.0 / Web 3.0

(1) Web 1.0 是單向提供資訊，例如：奇摩新聞。

(2) Web 2.0 是雙向互動的，可作為資訊的交流，例如：維基百科、社群網站、奇摩知識+、部落格等。

(3) Web 3.0 為雙向且具有智慧，網站能整合網路各類資訊(例如：大數據)，有智慧的依使用者需要提供資訊。

14. 無障礙網頁

無障礙網頁依其親和力依序分成四個優先等級：A、A+、AA、AAA，AAA 為最高等級，除了可以讓身心障礙人士順利使用之外，也使得網頁操作更加友善。

15. 響應式網頁設計(RWD，Responsive Web Design)

利用 CSS 來設計網頁，不用像素而是以百分比方式設計網頁寬度，採用「液態排版(Liquid Layout)」網頁技術，可讓網頁頁面在不同設備(如桌機、平板電腦、智慧型手機等)或不同畫面解析度下，皆可正常瀏覽顯示，提供最佳的視覺效果。

Line考題！

(　) 1. 下列四種語言，哪一種不屬於網頁語言？ (A)XML (B)ASP (C)Visual Basic (D)JavaScript。

(　) 2. 阿拉巴斯坦王國的薇薇公主想要拯救動亂中的王國，她想透過網站帶給國民美好的希望訊息，試問薇薇公主不適合使用下列哪一種應用軟體來編輯製作網頁？ (A)Outlook (B)Word (C)記事本 (D)Dreamweaver。

(　) 3. 下列哪一種應用軟體，兼具編輯製作網頁與管理網站的功能？ (A)Dreamweaver (B)Word (C)小畫家 (D)Excel。

(　) 4. 下列有關網頁製作的敘述，何者正確？ (A)在 HTML 標籤語法中，若其順序為<A><B><C>開始的標籤，其結尾必須以相同的順序</A></B></C>來排列 (B)在 HTML 檔的原始碼中含有「<p>xyz</p>」，其作用為將 xyz 獨立成一段 (C)在 HTML 標籤語法中，可製作超連結的是＜!--網址--＞ (D)<img src="圖形檔名">可以利用連結放入圖片，網頁上支援的圖檔格式有 GIF 與 TIFF。

(　) 5. 海上廚師香吉士想提供一些美食食譜及圖片給薇薇製作網頁，試問網頁上支援的圖檔格式通常不包含下列哪一種？ (A)GIF (B)PNG (C)TIFF (D)JPEG。

(　) 6. 在 HTML 標籤語法中，下列哪一項不正確？ (A)<html> </html>是宣告一份 HTML 文件的開始與結束 (B)<table> </table>可插入表格 (C)<body>…</body>是宣告主體部分 (D)<head> </head>是呈現在瀏覽器的標題列所看到的文字。

(　　) 7. 執行下列 HTML 標籤語法，則網頁輸出的結果為何？

(A) 追分成功　(B) 追分 成功　(C) 追分 成功　(D) 追分 成功。

```
<html>
<table border="1">
<tr><td>追分<br>成功</td></tr>
</table>
</html>
```

(　　) 8. 下列何者為最高等級的無障礙網站標章，代表該網站可以讓身心障礙者順利操作？

(A) 無障礙 Accessibility　(B) 無障礙 A+ccessibility　(C)  無障礙 AAccessibility　(D)  無障礙 AAAccessibility。

(　　) 9. 博物館網頁以三度空間的方式來呈現館藏文物，這是使用下列哪一種網頁語言的技術？　(A)HTML　(B)XML　(C)PHP　(D)VRML。

(　　)10. 下列敘述何者有誤？　(A)CSS(樣式表)用來定義網頁資料的樣式及特殊效果　(B)透過 RSS 可訂閱 BLOG、新聞及留言板等服務　(C)VRML 屬於 HTML 的延伸規格可讓設計者自行定義標籤　(D) CMS 適合用來發展討論區、會員及新聞公告系統等的動態網站。

1	C	2	A	3	A	4	B	5	C	6	D	7	B	8	D	9	D	10	C

4. (A)開始若順序為<A><B><C>，其結尾必須以</C></B></A>順序排列
(C)可製作超連結的是<A HREF="網址">文字或圖片</A>
(D)TIFF 主要作為印刷輸出用，放在網頁上並不適合。

5. TIFF 適用於印刷輸出。

6. (D)<head> </head>：宣告 HTML 文件的開頭部分。

9. (C)PHP：在網頁伺服器執行的腳本語言，經常用來設計網路資料庫的應用程式。

單元 2

文書處理 Microsoft Word

單元名稱	單元內容	106	107	108	109	考題數	總考題數
文書處理 Microsoft Word	文件檔案	0	1	0	0	1	20
	編輯	1	2	1	4	8	
	格式	1	2	3	2	8	
	表格	1	1	0	0	2	
	繪圖	1	0	0	0	1	

1. 檔案格式

文件檔的副檔名：.docx(2007 之後版本)、.doc。

範本檔的副檔名：.dotx(2007 之後版本)、.dot。

2. 檢視模式

模式	工具鈕	說明
整頁模式		顯示所有的圖文物件、頁首頁尾以及尺規
閱讀版面配置		可一次檢視兩頁並自動調整文字大小方便閱讀
Web 版面配置模式		文件版面的配置與 Web 瀏覽器一致
大綱模式		顯示文件的大綱結構
草稿		不顯示圖文框、頁首頁尾、背景等資料

3. 檔案管理

工具鈕	快速鍵	功能	工具鈕	快速鍵	功能
	Ctrl+N	開新檔案		F12	另存新檔
	Ctrl+O	開啟舊檔		Alt+F4	關閉檔案
	Ctrl+S	儲存檔案			保護文件

4. 常用的編輯功能

工具鈕	快速鍵	功能	工具鈕	快速鍵	功能
	Ctrl+X	剪下		Ctrl+Z	復原
	Ctrl+C	複製		Ctrl+Y	取消復原
	Ctrl+V	貼上			複製格式

5. 中英文輸入

(1) 快速鍵：

快速鍵	功能	快速鍵	功能
Ctrl+Shift	輸入法切換	Shift+Space	全半形切換
Ctrl+Space	中英文切換	Ctrl+Alt+，	螢幕小鍵盤

(2) 指法：鍵盤上的「A S D F J K L ;」八個字鍵稱為基本鍵，是打字時手指擺放的位置。鍵盤的 F 鍵及 J 鍵上有一個凸出小點，能讓使用者憑觸感找到食指基本鍵的位置。

6. 文字換列

方式	作用
新增段落	按 Enter 鍵會產生一新段落，插入點移至新段落符號 ↵ 前
強迫換列	按 Shift+Enter 鍵會產生新的一列(仍屬於同一個段落)，符號為 ↓，並不是新段落
自動換列	輸入的文字遇到邊界時，自動將插入點移至下一列

7. 尋找及取代

(1) 尋找：依設定的格式搜尋文字。

(2) 取代：搜尋到指定格式的文字後，將找到的文字個別或全部取代成其他的文字。

8. 版面設定

『版面配置／版面設定／』可做以下設定：

(1) 邊界：設定文件上、下、左、右的邊界大小及紙張橫、縱向。

(2) 紙張：設定紙張的大小尺寸。

(3) 版面配置：設定頁首/頁尾、奇偶不同及首頁不同，方便裝訂式文件的編排。

(4) 文件格線：直接指定文件中橫書、直書、欄數及每頁行數、每行字數。

9. 分隔設定

(1) 分頁設定：Word 在頁滿後會自動將文件分頁，也能選取 分頁符號 鈕設定強迫分頁。

(2) 分欄設定：選取 欄 鈕可依需求改成數欄顯示，每欄寬度限制最少 3 個字元。分欄內容的前後會自動加上分節符號來區隔。

(3) 分節設定：『版面配置／版面設定／分隔設定／分節符號』中插入分節符號，可用來在文件的某個部分建立不同的版面配置或格式。

10. 「顯示／隱藏」鈕

可以設定要顯示或隱藏段落標記、空格標記、定位點標記等非列印字元。

11. 頁首及頁尾

(1) 位於每頁文件上緣和下緣的地方，只要設定一次，整份文件都會套用同一設定。

(2) 頁首 頁尾 鈕：可以插入及編修頁首及頁尾的內容，如設定頁碼、日期與時間、圖片、自行加入文字等。

(3) 浮水印 鈕：會在每一頁加上同樣的文字或圖案，可宣示版權或防止盜印。

12. 定位點

(1) 使文字能整齊的間隔排列，定位點的類型有「靠左」、「置中」、「靠右」、「對齊小數點」、「分隔線」等五種。

(2) 定位點需配合定位鍵 Tab 鍵來使用。

13. 字元格式設定

『常用／字型／』或直接按下表中的工具鈕，可以設定所選取的文字格式。

文字格式	工具鈕	文字格式	工具鈕
字型	新細明體	底線	U
字型大小	12	字元框線	A
粗體	B	字元網底	A
斜體	I	字元色彩	A

14. 段落格式設定

『常用／段落／』可以設定所選取的段落格式。

(1) 對齊方式：文字在段落中的分佈情形。

對齊方式	工具鈕	對齊方式	工具鈕
左右對齊		置中對齊	
靠右對齊		分散對齊	
項目編號		項目符號	

(2) 縮排：段落文字與左右邊界的距離。

(3) 段落間距：段落與段落之間的距離，可設定與前、後段的距離。

(4) 文字行距：段落中行與行之間的距離。常用的選項有：
- 單行間距：以最大的字型點數為行距。
- 最小行高：若文字超過行高值，則會自動增加該行的行距。
- 固定行高：若文字超過行高值，超出行距的部份會被截斷。

15. 表格

(1) 表格建立：選取 表格 鈕可建立表格。

(2) 表格美化：選取『表格工具／設計』可以設定表格框線及網底的樣式和顏色。

(3) 表格選取：

範圍	操作方式
單一儲存格	移動滑鼠指標到儲存格的左方，當指標形狀變成 時，按滑鼠左鍵。
任意連續儲存格	移動滑鼠指標到儲存格上，以滑鼠拖曳。
選取整列、多列	移動滑鼠指標到列的最左方，當指標形狀變成 時，按滑鼠左鍵並拖曳。
選取整欄、多欄	移動滑鼠指標到欄的最上方，當指標形狀變成⬇時，按滑鼠左鍵並拖曳。
整個表格	按表格左上方的⊞圖示。

(4) 表格編輯：
- 微調：調整表格大小時，可以按著 Alt 鍵微調表格框線。
- 合併/分割儲存格：選取相鄰的多個儲存格，按右鍵選取『合併儲存格』，可合併多個儲存格為一個儲存格。而針對一個儲存格，按右鍵選取『分割儲存格』，可分割為多個儲存格。
- 刪除表格：選取表格後按 Delete 鍵，只會刪除表格內容，空白的表格仍會保留。欲刪除整個表格，可選取『表格／版面配置／刪除 鈕』來完成。
- 資料排序與運算：選取『表格工具／版面配置／資料』中的「排序」A/Z↓鈕，可將表格內的資料進行排序；選取「公式」f_x 鈕，可將表格內的資料進行運算。

16. 圖片

(1) 在『插入／圖例』中可以插入圖片、美工圖案、圖案、圖表、文字方塊及文字藝術師等。

(2) 在『圖片工具／格式』中可以調整圖片的色彩、亮度、樣式及大小等。

- 被選取的圖形周圍會出現控制點，白色控制點可改變圖形的大小；某些圖案會出現黃色控制點可改變形狀，綠色控制點可旋轉圖形。
- 「裁剪」鈕：可直接裁切掉圖片多餘的部分。
- 「上移一層/下移一層」鈕：將選取的圖形更改其圖層的上下次序。
- 「位置」鈕：設定文繞圖的形式。
- 「自動換行」鈕：可針對需要選擇圖形與文字的排列方式，如：矩形、緊密、文字在前或後、上下、穿透等。

17. 群組

(1) 將多個小物件組成一個大物件，藉以增加操作的方便性。

(2) 要群組物件時，須將所有物件先選取，經群組後的物件還可以再和其他物件多次群組。

(3) 每次只能取消一層群組的物件，若物件由多次群組所組成，則需一層一層的解開。

(4) 在 Word 2010/2013 中，群組後仍可編輯個別物件的內容。

18. 合併列印

(1) 分為主文件與資料來源。主文件可為套印信件、郵件標籤、信封、目錄，資料來源為套印各種主文件所需的資料檔，內容格式為表格，欄代表資料欄位屬性，列代表資料筆數。

(2) 在主文件中利用插入合併欄位(即資料來源欄位名稱，插入的欄位會以<<>>來區隔)，將資料來源放入主文件中，合併成新文件。

(3) 可依不同條件篩選合併的資料。例如：國文成績超過 80 分的學生成績單。

19. 列印文件

(1) 在標題列中點選「預覽列印和列印」鈕可預覽編排效果，點選「快速列印」鈕則可直接印出文件。

(2) 選取『檔案／列印』，可依需要指定列印頁：

- 全部：整份文件。
- 本頁：游標所在的那一頁。
- 頁數：指定欲列印的頁數。例如：3,5,7 是列印第 3,5,7 頁；3-6 是列印第 3,4,5,6 頁；1-2,8-9 是列印 1、2、8、9 頁。

( ) 1. 有關 Word 的檔案儲存類型，下列何者有誤？ (A)文件檔為.docx (B)純文字檔為.xlsx (C)網頁檔為.html (D)範本格式檔為.dotx。

( ) 2. 在 Word『檔案／列印』功能選項中，在對話方塊中之「頁面」方框輸入 1-3,5,8,11-15 時，共列印幾頁？ (A)6 (B)7 (C)15 (D)10。

( ) 3. 在 Word 中，選取表格後按 Delete 鍵的作用為何？ (A)刪除表格的內容 (B)刪除整個表格 (C)刪除表格格線 (D)分割表格。

( ) 4. 魯夫要用文書處理軟體編排出航海輪值表，使用鍵盤快速鍵是編輯的最佳利器。有關 Word 的編輯鍵盤快速鍵，下列敘述何者正確？
(A)用 Ctrl+Y 選取物件複製，再用 Ctrl+C 將選取物件貼至目的地
(B)用 Ctrl+A 將物件全選，再用 Ctrl+V 將選取物件貼至目的地
(C)用 Ctrl+X 選取物件剪下，再用 Ctrl+V 將選取物件貼至目的地
(D)用 Ctrl+Z 可以將選取物件清除。

( ) 5. 有關 Word 的「複製格式」 鈕，下列何者有誤？ (A)連按兩下工具鈕，可以進行多次複製格式 (B)選取來源物為文字時，則只會複製文字格式 (C)選取來源物為段落時，則會複製文字格式與段落格式 (D)可複製物件格式及內容。

( ) 6. 在 Word 中最適合檢視文件整體編排效果的模式為？ (A)Web 版面配置 (B)整頁模式 (C)閱讀版面配置 (D)大綱模式。

( ) 7. 在 Word 的『常用／段落』功能中，無法完成下列的哪一種效果？ (A)設定分散對齊 (B)設定左邊縮排 3 公分 (C)設定文字為紅色 (D)設定與前段距離 2 列。

( ) 8. 下列對於 Word 操作的敘述，那一種說法是正確的？ (A)可以使用 PDF 格式的檔案作為合併列印的資料來源 (B)按 Shift+Enter 鍵會產生新的段落 (C)按表格左上方的⊞圖示可以選取整個表格 (D)選取『常用／段落』可以設定文件以直書方式呈現。

( ) 9. 有關 Word 的操作，下列何者有誤？ (A)按 Shift 鍵可點選多個物件 (B)套用文字藝術師可將文字圖形化 (C)選取文繞圖方式為「矩形」可讓文字與圖形並列 (D)若設定文字行距為「最小行高 18 點」時，當文字或圖片超過行高值，超出行距的部份會被截斷。

( )10. 下列何者<u>不是</u> MS Word 可設定圖形與文字的排列方式？ (A)矩形 (B)文字在前 (C)緊密 (D)左及右。

1	B	2	D	3	A	4	C	5	D	6	B	7	C	8	C	9	D	10	D

1. (B)純文字檔為.txt。
2. 共列印第 1,2,3,5,8,11,12,13,14,15 共 10 頁。
5. (D)只能複製物件格式，無法複製物件的內容。
7. (C)設定文字為紅色須從『常用／字型』來設定。
8. (A)無法直接使用 PDF 格式的檔案作為合併列印的資料來源
   (B)按 Shift+Enter 會產生新的一列，而不是新的段落
   (D)設定文件以直書方式呈現可從『版面配置／版面設定／直書/橫書』來設定。

單元 3 影像原理

單元名稱	單元內容	106	107	108	109	考題數	總考題數
影像處理	色彩模式	1	1	1	2	5	19
	解析度	1	2	2	1	6	
	數位影像格式	2	1	2	3	8	

1. 色彩屬性

(1) 色相(Hue)：色彩所呈現的樣貌，如：紅、黃、藍等。

(2) 彩度(Saturation)：色彩的鮮豔程度，顏色愈濃，彩度愈高。

(3) 明度(Brightness)：色彩的明暗程度，明度愈高則，色彩愈明亮。

2. 色彩模式

	基本色	基本色的混合方式	使用的周邊
RGB模式	紅(Red)、綠(Green)、藍(Blue)	色加法	顯示器 掃描器
CMYK模式	青(Cyan)、洋紅(Magenta)、黃(Yellow)、黑(blacK)	色減法	彩色印表機 油墨印刷

3. 色光三原色(RGB)

(1) 色光三原色是指 Red(紅)、Green(綠)、Blue(藍)。

(2) RGB 是色加法模式，色彩越加越亮。當(紅 R,綠 G,藍 B)以色彩強度(0,0,0)混合時，會呈現出黑色，以(255,255,255)強度混合時，呈現出白色；等量混合則為灰階，如(100,100,100)。

(3) 光學原理的周邊設備通常是屬於 RGB 模式，例如：電腦螢幕。

(4) 色碼「#xxxxxx」，即 RGB 三色的 16 進位值，如#FFFFFF(白)、#000000(黑)、#FF0000(紅)、#00FF00(綠)、#0000FF(藍)、#FFFF00(黃)等。

4. 色料三原色(CMY)

(1) 色料三原色是指 Cyan(青)、Magenta(洋紅)、Yellow(黃)，但在印刷實務上黑色(blacK)是獨立的，因此有「印刷四色」：CMYK。

(2) CMYK 是色減法模式，色彩越加越暗。以 0-100%表示混合比例，當四色的比例皆為 0%時會混合出白色，如(0,0,0,0)；當四色的比例或黑色(K)為 100%時會混合出黑色，如(0,0,0,100)、(100,100,100,100)。

(3) 列印輸出的周邊設備通常屬於 CMYK 模式，例如：印表機。

5. 數位影像格式

依資料儲存及處理方式的不同可分為點陣圖、向量圖。

(1) 點陣圖(Bitmap)：由一點一點的像素(Pixel)排列組成。

(2) 向量圖：透過數學運算紀錄影像的大小、位置、方向及色彩等。

(3) 點陣圖和向量圖的比較：

類型	儲存空間	放大	說明	適用
點陣圖	較大	產生鋸齒狀	能較真實呈現影像細微部分	照片
向量圖	較少	不會失真	質感較難表現的十分細緻	漫畫式圖像

6. 常見的影像檔案格式

類型	格式	壓縮	支援色彩	支援動畫	支援網頁	說明
點陣圖	BMP	無	全彩	×	✓	Microsoft Windows 的標準影像檔案格式，屬於 RGB 模式
	JPEG	破壞*	全彩	×	✓	適用於連續色調且沒有明顯邊緣線的真實影像，如相片
	TIFF	非破壞	全彩	×	×	適合印刷輸出及電腦作業平台間轉換
	GIF	非破壞	256	✓	✓	適用於漫畫圖案、手繪圖形、具有交錯式展示效果，支援背景透明及動畫。
	PNG	非破壞	全彩	×	✓	可用來製作透明圖效果影像。
	UFO	無	全彩	×	×	PhotoImpact 專用的檔案格式
	PSD	無	全彩	×	×	PhotoShop 專用的檔案格式
向量圖	WMF	無	全彩	×	×	MS Office 美工圖庫的向量圖檔格式
	AI	無	全彩	×	×	Illustrator 專用的檔案格式
	CDR	無	全彩	×	×	CorelDRAW 專用的檔案格式

※ 非破壞性壓縮是指影像壓縮後不會有失真的現象，JPEG 標準也支援非破壞性的壓縮

(1) EPS 圖檔格式：功能強大，可儲存向量及點陣圖或文字，可以在Illustrator及CorelDraw中修改，亦可載入Photoshop中做影像處理，是美工排版人員做分色印刷時常使用的圖檔格式。

(2) RAW 圖檔格式：高階數位相機提供的圖檔格式，可保存拍攝現場的原始資訊，例如場景的光照強度和顏色的物理資訊等，以利影像的後製處理。

7. 解析度

(1) 用來描述數位影像或數位設備，每單位長度(英吋)所呈現或擷取的資料數量。單位長度中包含的像素越多則解析度越高，表現出來的影像品質也就越細緻。使用的單位有 ppi 及 dpi 兩種。

(2) 影像解析度：ppi(pixel per inch，每一英吋的像素量)，例如：800×600ppi 的影像檔，就是指此影像寬有 800 像素，高有 600 像素。

(3) 設備解析度：dpi(dots per inch，每一英吋的點數量)，例如：掃描器解析度、印表機解析度，1200dpi 的印表機，就是指每一英吋能列印 1200 個點數量。

(4) 掃描器解析度：規格上會標明光學解析度及軟體解析度二種。

種類	說　明	範例
光學解析度	掃描器感光元件實際的感測能力	600×1200dpi 1200×1200dpi
軟體解析度	掃描器將影像掃描輸入電腦後，利用驅動程式運算所獲得的解析度	8000×8000dpi 9600×9600dpi

(5) 影像尺寸：(寬度像素／解析度)×(高度像素／解析度)inch，如 4×6 吋。

計算一：利用解析度及影像尺寸求出影像包含的像素

例：一張 3×5 吋影像，如果解析度為 300 像素/英吋，則寬×高像素個數為？　(A)400×600　(B)4000×6000　(C)900×1500　(D)1200×1800。　ANS：(C)

解：寬×高像素個數=(3×300)×(5×300)=900×1500

計算二：照片在不同的解析度轉換求其尺寸

例：例：一張 10×12 吋照片，利用掃描器掃描輸入電腦，掃描器的解析度設定為 150dpi，若把此張輸入的電腦影像調整成 300ppi 後，再由解析度 600dpi 印表機將影像輸出，則印出的大小是？ (A)6×4 (B)5×6 (C)12×8 (D)2.5×3。

ANS：(B)

解：寬×高像素個數＝(10×150)×(12×150)點＝1500×1800 點。
調成 300ppi 後寬×高的尺寸＝(1500/300)×(1800/300)＝5×6，此即為印出的大小，與印表機的解析度無關。

8. 影像類型

	1個像素佔的bit數	能表現的色彩數
黑白	1	2(即 2^1)　黑、白
灰階 (256 灰階)	8	256(即 2^8)　由白到黑有 256 種不同明亮度色階
16 色	4	16(即 2^4)
256 色	8	256(即 2^8)
全彩	24	16,777,216 (1677 萬色，即 2^{24})

(1) 像素能表現色彩數＝$2^{\text{像素所佔的位元數}}$。
像素所佔的位元數＝$\log_2$像素能表現色彩數。

(2) 像素資料量越大，其可表現的色彩越多。

(3) 全彩是指每個像素由 RGB 三原色組成，每個原色有 256 個色階(以 8 bits 儲存)，所以每個像素佔 24 bits(即 3 Bytes)。

計算：影像所佔用的記憶體空間與總點數、色彩類型有關

例：一個 1280×1024 像素的全彩影像，所佔的記憶空間(資料量大小)為？ (A)0.5MB (B)3.8MB (C)2.6MB (D)5.4MB。 ANS：(B)

解：全彩是每點佔 24bits＝3Bytes

一張影像的記憶體空間＝總點數×每點所佔的空間

＝1280×1024×24 bits＝1280×1024×(24/8) Bytes

＝3.75 MBytes ∴ 需 3.8MB 的記憶體空間

9. 影像應用軟體

(1) 影像處理軟體：PhotoImpact、Photoshop、PhotoScape、PhotoCap、GIMP。

(2) 繪圖設計軟體：Illustrator、CorelDRAW、AutoCAD。

( ) 1. 噴墨式印表機的墨水有 CMYK 四個顏色，下列何種顏色不屬於 CMYK 之一？ (A)黑色 (B)洋紅色 (C)藍色 (D)黃色。

( ) 2. 下列有關數位影像呈現格式的敘述，何者不正確？ (A)照片通常會以點陣圖來儲存 (B)向量圖儲存空間較小，而點陣圖儲存空間較大 (C)BMP 是點陣式的圖形檔 (D)向量圖放大之後容易產生鋸齒狀。

( ) 3. 有關數位影像檔案格式的敘述，下列何者正確？ (A)JPG 採用破壞性壓縮，常用於數位相機內的儲存格式 (B)BMP 可支援各種色彩模式，適用於印刷 (C)TIFF 廣泛使用於網頁動畫顯示，但只能呈現 256 個顏色 (D)GIF 可儲存各種類型的影像，但佔有較大的磁碟空間。

( ) 4. 一張全彩的圖片以相同的解析度儲存成何種格式的檔案容量會最小？ (A)JPG (B)TIFF (C)BMP (D)皆相同。

( ) 5. 愛美女的香吉士去參加資訊展，以同一部數位相機拍攝二張像素分別為 800×600 與 640×480 的同一位 show girl。拿到數位像館放大加洗後，哪一張的照片看起來會比較清楚？ (A)一樣 (B)640×480，因為檔案較小 (C)800×600，因為解析度較高 (D)需視沖洗照片的機器而定。

( ) 6. 若想用數位相機拍照，再由相片印表機輸出而且不失真，如果輸出相片尺寸為 4 英吋×6 英吋、解析度為 300ppi 時，則數位相機的解析度至少需要多少畫素？ (A)300 萬 (B)100 萬 (C)600 萬 (D)200 萬。

( ) 7. 若有一張像素 1200×1800 的點陣圖檔，輸出成 4 吋×6 吋的照片，所得畫面之解析度為多少 ppi？ (A)72 (B)300 (C)600 (D)1200。

( ) 8. 處理古代的黑白水墨畫影像時，採用下列色彩類型比較適合？ (A)灰階 (B)黑白 (C)16 色 (D)256 色。

( ) 9. 魯夫新買最 HITO 的數位相機內裝有 12GB 的記憶卡，最多約可儲存 2400×1600 像素完全未壓縮的 24 位元全彩照片多少張？ (A)300 (B)500 (C)700 (D)1000。

( ) 10. 在下列的色彩模式中，何者是白色？ (A)(R，G，B)=(255，255，255) (B)(R，G，B)=(0，0，0) (C)(C，M，Y，K)=(100%，100%，100%，100%) (D)(C，M，Y，K)=(25%，25%，25%，25%)。

( ) 11. 下列哪個英文名不是圖檔格式？ (A)AVI (B)EPS (C)TIFF (D)UFO。

( ) 12. 下列哪個英文名不是影像或繪圖軟體？ (A)Media Player (B)CorelDRAW (C)AutoCAD (D)PhotoImpact。

1	C	2	D	3	A	4	A	5	C	6	A	7	B	8	A	9	D	10	A
11	A	12	A																

3. (B)BMP 可支援各種色彩模式，適用於印刷的是 TIFF。
   (C)廣泛使用於網頁動畫顯示，但只能呈現 256 個顏色的是 GIF。
   (D)可儲存各種類型的影像，但佔有較大磁碟空間的是 BMP。
4. 因 JPG 屬於破壞性壓縮，故儲存時檔案的容量會最小。
5. 800×600 的點數較多，影像解析度較高，所以印出來會比較清楚。
6. (4×300)×(6×300)=2160000 畫素。
7. (4×n)×(6×n) = 1200×1800，n=300。
9. 12GB/(2400×1600×3 Bytes)=(12×1024×1024×1024 Bytes)/(2400×1600×3 Bytes)=1041.6 張。
10. (B)、(C)皆為黑色。

單元 4

全球資訊網、檔案傳輸、電子郵件

單元名稱	單元內容	106	107	108	109	考題數	總考題數
全球資訊網、檔案傳輸、電子郵件	全球資訊網	3	3	3	3	12	18
	檔案傳輸	0	0	1	0	1	
	電子郵件	1	3	0	1	5	

1. 瀏覽器(Browser)

(1) WWW 架構中的應用軟體，用來瀏覽 WWW 上的網頁。

(2) 常見的瀏覽器：Internet Explorer(IE)、Edge(Microsoft 公司)、Chrome(Google 公司)、Firefox(Mozilla 公司)、Safari(Apple 公司)、Opera(Opera 公司)。

2. 網頁瀏覽的過程

(1) 使用者執行瀏覽器軟體，輸入網址(URL)，客戶端與伺服端利用「http」通訊協定展開通訊。

(3) 伺服器找到網頁檔以及網頁所用的相關檔案，傳送給客戶端。

(4) 客戶端收到後，由瀏覽器負責將這些檔案組合成多媒體的網頁型態。

3. 網址(Uniform Resource Locator, URL)

(1) 用來標示網際網路所提供資源的方式，可以識別網際網路上的電腦、目錄或檔案位置，找到連結的網站位址。

(2) URL 的格式：

http://www.ceec.edu.tw/QandA/QandA.htm

- http：網路資源服務名稱
- www.ceec.edu.tw：伺服器名稱
- QandA：檔案路徑
- QandA.htm：檔案名稱

4. 全球資訊網相關名詞

全球資訊網伺服器(Web Server)	集中管理各網站，一台伺服器可有多個網站。
網站(Web Site)	一個網站含有多個網頁及相關的圖檔、聲音檔等。
網頁(Web Page)	每個網頁由文字、圖片及聲音等組成。
首頁(Home Page)	指網站中第一個被瀏覽的網頁，主檔名通常為 index 或 default。

5. 常見的搜尋網站(入口網站)

Google	www.google.com
雅虎奇摩	tw.yahoo.com
網路家庭	www.pchome.com.tw
MSN 台灣	tw.msn.com
中華電信	www.hinet.net
蕃薯藤	www.yam.com

6. 電子地圖

(1) 常見的電子地圖

Google Maps	maps.google.com.tw
Apple Maps	Mapsconnect.apple.com
UrMap 你的地圖網	www.urmap.com
Taiwan Map 台灣電子地圖服務網	www.map.com.tw

(2) Google 地圖(Google Maps)：提供路線規劃 、衛星地圖、店家景點搜尋、當地拍攝照片、360 度環景照片及街景瀏覽等功能。

- 街景瀏覽：拖曳地圖上的小金人 到地圖中，會提供該地點的街景瀏覽服務。
- 規劃路線：可提供兩個或多個地點間以不同交通方式(開車、大眾路線、步行、單車、航空等)的路線資訊(交通時間、距離、途經地點等)，如以「開車」方式：藍色路線代表交通順暢、橘色代表車多、紅色代表車流擁塞，灰色代表建議替代路線；「步行」則會以圓點路線標示。

7. Google 搜尋

(1) Google 常用的搜尋語法

語法	說明	實例
"文字"	必須完成符合。	"墾丁賞鳥"
空白或+	二個關鍵字同時出現。	墾丁 Δ 賞鳥 墾丁+賞鳥
-	只能出現第一個關鍵字且去除第二個關鍵字的搜尋結果，欲去除的關鍵字之前加 - 號。	墾丁 Δ-賞鳥
OR	出現任一關鍵字，OR 要大寫且兩邊要有空格。	墾丁 ΔORΔ 賞鳥
site:	只在某個網域或網站內查詢。	墾丁 site:com.tw
filetype:	搜尋特定檔案格式。	超人 filetype:pdf
related:	搜尋相同類型的網站。	related:tw.yahoo.com
字母大小	忽略英文字母大小寫。	「pc」與「PC」一樣。

註：文中的Δ代表空格。

(2) Google 圖片搜尋：在 Google 搜尋按「以圖搜尋」 鈕，可以上傳照片來搜尋相似的圖片。

(3) Google 語音搜尋：在 Google 搜尋「語音搜尋」 鈕，可利用語音輸入相關字詞進行搜尋。

(4) Google 智慧搜尋：可利用人工智慧解析隱藏含意，例如輸入算式「1+1」，google 除了會搜尋「1+1」相關字詞外，還會出現網路計算機。

8. 瀏覽器常用設定(IE 為例)

(1) 設定 Proxy Server(代理伺服器)：

- Proxy Server 具有網頁快取的功能，當瀏覽速率太慢時，可設定臨近的 Proxy Server，以提高瀏覽速率。
- 在 IE 中，選取『工具／網際網路選項』，在「連線」標籤中點選「區域網路設定」即可以設定 Proxy Server。

(2) 設定瀏覽首頁畫面：

- 將自己最常去的網站設為瀏覽器首頁畫面，當開啟瀏覽器或按「首頁」鈕，即可連結到該網站。
- 在 IE 中可以選取『工具／網際網路選項』，在「一般」標籤中設定。

(3) 設定網頁書籤：點選 我的最愛 可以記錄自己喜歡的網頁，不必記憶 URL，我的最愛 也可以編輯或組織網頁書籤的內容。

(4) 分級：在 IE 中可使用內容警告器針對網路上的網站建立「分級」控制存取，例如：暴力及色情網站。只有符合使用者所設定的等級內容會顯示出來。

(5) 刪除「瀏覽歷程記錄」：

- 瀏覽網頁時，IE 會儲存使用者所瀏覽網站的相關資訊，如：網頁暫存檔、網址、Cookie、密碼等。Cookie 主要用來記錄網站使用者的資訊，對使用者的隱私權易造成風險。
- 在 IE 中，選取『工具／刪除瀏覽歷程記錄』，可以保留或刪除所有的瀏覽歷程記錄。

9. 檔案傳輸方式

(1) HTTP：網站伺服器(Web Server)提供客戶端下載檔案的傳輸方式，在網頁上的連結按右鍵選取『另存目標』，或是輸入檔案的網址直接下載。

(2) FTP：檔案伺服器(File Server)與客戶端的檔案傳輸方式，客戶端可透過瀏覽器或 FTP 軟體登入伺服器下載或上傳檔案。

(3) P2P：客戶端與客戶端(即點對點)的傳輸方式，每個客戶端都能下載或分享檔案。

10. 電子郵件位址格式

電子郵件帳號@郵件伺服器網址

(1) 例如：dreamer6@seed.net.tw，其中「@」代表「at」也就是「在」的意思。

(2) 同時寄發多個帳號時，以「；」或是「，」作區隔。

11. 電子郵件的通訊協定

通訊協定	說明	主要功能
SMTP (簡易郵件傳送協定)	郵件伺服器上的一種協定	發送信件
POP3	將郵件伺服器上所有的信件一次下載到自己的電腦上	收取信件
IMAP (網際網路訊息接收協定)	可直接在主機上編輯郵件，再決定是否要將信件抓下來	收取信件

(1) 常見的收發電子郵件軟體有 Ms Outlook、Outlook Express。

(2) 以網頁的介面(Web Mail)收發郵件：例如 Yahoo!奇摩、Google 的 Gmail、PChome、Hinet 的網路信箱等。

12. 電子郵件常用的功能

(1) 可附加檔案，有附加檔案的電子郵件會有「0」符號。

(2) 可設定信件優先順序，如紅色驚嘆號「！」表示「高優先順序」。

(3) 可設定通訊錄記錄連絡人的資訊，再直接由通訊錄挑選收件人。

(4) 寄給多位收信者時，其郵件地址之間要以「；」或「，」隔開。

Line考題!

( ) 1. 下列哪一個不是常見的入口網站？ (A)www.google.com (B)tw.yahoo.com (C)www.pchome.com.tw (D)www.taiwan.net.tw。

( ) 2. 欲將常去的網站設為 IE 瀏覽器首頁畫面，應在何處設定？ (A)按「首頁」鈕 (B)按 我的最愛 鈕 (C)選取『工具／網際網路選項』，在「連線」標籤中設定 (D)選取『工具／網際網路選項』，在「一般」標籤中設定。

( ) 3. 以下哪一種軟體無法提供魯夫上網查詢生命的寶庫「龐克哈薩特」島嶼相關網頁的服務？ (A)Adobe Reader (B)Safari (C)Chrome (D)Firefox。

( ) 4. 下列有關網頁瀏覽器 IE 中的 Proxy 伺服器，何者有誤？ (A)Proxy Server 具有網頁快取的功能 (B)可以在 IE 的『工具／網際網路選項』中設定 (C)具有防止感染電腦病毒的功能 (D)可加快遠端網頁的下載速度。

( ) 5. 下列有關全球資訊網的敘述，何者有誤？ (A)在 Google 或 Yahoo 可利用鍵入關鍵字，自動找到相關的資料 (B)使用 IE 瀏覽器查閱網頁資料時，是使用 FTP 協定 (C)www.ntnu.edu.tw 最可能是一個教育機構的網頁 (D)網際網路上 Proxy Server 的主要功能是暫存及提供使用者取用的網頁資料，以降低網路流量。

( ) 6. 下列有關全球資訊網的敘述，何者正確？ (A)一台全球資訊網伺服器(Web Server)中最多只能架設一個網站 (B)一個網站(Web Site)最多只能有一個包含圖檔和聲音檔的網頁 (C)可以在網頁(Web Page)中設定超連結至其他的網站 (D)首頁(Home Page)指網站中第一個被瀏覽的網頁，主檔名通常為 homepage。

( ) 7. 下列哪一種方式可以讓連結在網路上的每個使用者都能下載和分享彼此的檔案？ (A)P2P (B)HTTP (C)FTP (D)TELNET。

( ) 8. 喬巴經常使用電子郵件與世界各地的友人聯繫，下列有關電子郵件的敘述何者錯誤？ (A)電子郵件中可以夾帶多個檔案 (B)電子郵件可以同時送給許多人 (C)SMTP 協定主要是用來收信 (D)電子郵件位址的格式為「電子郵件帳號@郵件伺服器網址」。

( ) 9. 有關電子郵件的功能，下列何者錯誤？ (A)若郵件前出現色「！」符號，表示此郵件為高優先順序 (B)收發信件時會作即時的病毒偵測 (C)含有附加檔案的電子郵件前會出現「0」符號 (D)不同收信者的郵件地址之間要以「；」或「，」隔開。

( )10.下列哪一種搜尋設定可以找到最多的網頁？(Δ 代表空格) (A)谷關Δ-溫泉 (B)谷關溫泉 site:gov.tw (C)谷關 ΔORΔ 溫泉 (D)"谷關溫泉"。

1	D	2	D	3	A	4	C	5	B	6	C	7	A	8	C	9	B	10	C

1. (D)http://www.taiwan.net.tw/是交通部觀光局網站。

5. 使用 IE 瀏覽器查閱網頁資料時是使用 HTTP 協定；FTP 協定是檔案傳輸協定。

單元 5

簡報軟體 Microsoft PowerPoint

單元名稱	單元內容	106	107	108	109	考題數	總考題數
簡報軟體 Microsoft PowerPoint	PowerPoint	4	4	4	6	18	18

1. 可輸出的檔案格式

2.

副檔名	說　　明
.pptx(2007 之後版本) .ppt	簡報檔。
.ppsx(2007 之後版本) .pps	播放檔。
.potx(2007之後版本) .pot	範本檔。
.pdf	可攜式文件格式。
.wmv	視訊格式。
.gif、.jpg、.tif、.bmp、.png、.wmf 等	將投影片儲存成一張張圖檔格式。

檢視模式

模式	工具鈕	說　明
標準模式		具有大綱、投影片及備忘稿三合一完整編輯模式。
投影片瀏覽		方便針對多張投影片做刪除、複製、調整順序、加上動態特效。
備忘稿		可讓使用者單獨檢視備忘稿內容。
閱讀檢視		以非全螢幕的模式檢視投影片。音效、動畫、轉場等特殊效果，仍可完整呈現。

3. **建立新簡報**

選取『檔案／新增』，建立新簡報的方法有：空白簡報 、範例範本 、佈景主題 及 Office.com 範本。

4. **更換版面配置**

選取『常用／投影片／版面配置 鈕』，選取所需的版面即可更換投影片上放置的內容。

5. **佈景主題**

(1) 選取『設計／佈景主題』即可套用各式簡報佈景主題，亦可從 Office.com 下載官網最新的範本。
(2) 選取『設計／佈景主題／色彩』，可針對選定的佈景主題再細選色彩設定成不同色調。
(3) 同一份簡報中，不同張的投影片可套用不同的範本及色彩配置。
(4) 選取『設計／背景』，可針對單一張或多張投影片更改背景細部設定。

6. **母片**

選取『檢視／母片檢視』可切換三種母片類型：投影片母片、講義母片、備忘稿母片。設定「母片」後，所有同類型的投影片都會套用相同的設定。

7. 插入

選取『插入』，可插入表格、圖像、圖表、超連結、物件、影片及聲音等項目。

(1) 表格：可插入表格，選取表格後由『表格工具』標籤中可以編輯及設定表格。

(2) 圖像：可選擇由「圖片」、「美工圖案」、「螢幕擷取畫面」或「相簿」的方式插入圖像。

(3) 圖表：可插入圖表。

(4) 超連結：可將文字或圖片加入超連結，連結目標可為它張投影片、網頁、e-mail、圖片及檔案等。

(5) 物件：可插入如圖表、MS Word 文件、MS Excel 工作表、投影片等物件。

(6) 頁首及頁尾：可設定投影片的頁首及頁尾，如日期及時間、投影片編號及文字等。

(7) 影片：在『視訊工具』標籤中可做視訊剪輯及格式設定，支援的視訊檔案格式有.asf、.avi、.mpg/.mpeg、.wmv 等。

(8) 聲音：在『音訊工具』標籤中可做音訊剪輯及格式設定，支援的音訊檔案格式有.aiff、.au、.midi、.mp3、.wav、.wma等。

8. 內嵌與連結音訊及視訊

(1) 內嵌：直接將音訊與視訊檔案嵌入簡報中，免除因額外夾帶檔案的困擾，提升方便性，但簡報檔案容量會因此而變大。

(2) 連結：使用連結至外部檔案或網站的音訊與視訊，需注意連結路徑的正確性以及所連結的檔案是否存在。簡報檔案並不包含連結的音訊與視訊檔案，所以簡報檔案的容量會比使用內嵌的方式小。

9. 投影片切換特效

(1) 選取『切換』標籤，可設定播放特效、速度、換頁方式、聲音等切換到下一張投影片的效果。

(2) 可設定按滑鼠換頁或每隔幾秒自動換頁，投影片將採自動循環式播放。

10. 動畫特效

(1) 選取『動畫』標籤，利用預設的動畫效果，快速的將投影片物件，例如：文字、圖案、表格等，加入動態特效。

(2) 進階動畫：選取『動畫／進階動畫／動畫窗格』，可針對投影片上所有物件出場的排列、時間、效果等做詳細的動態設定。

(3) 動畫開始的設定方式：

設定方式	動作說明
按一下	① 必須先按一下滑鼠動畫特效才會播放。 ② 物件上的動畫順序編號數字會加 1。
與前動畫同時	① 動畫與前一個動畫同時播放，若沒有前一個動畫，則會自動播放。 ② 動畫順序編號會與前一個相同。
接續前動畫	① 前一個動畫播放完成後，會自動播放下一個動畫。 ② 動畫順序編號會與前一個相同。

(4) 可利用 重新排序 調整動畫特效出現的先後順序。

11. 投影片放映方式

(1) 直接放映：選取『投影片放映／開始投影片放映鈕』，或按狀態列的「投影片放映」鈕，可直接放映。

(2) 排練計時：選取『投影片放映／設定／排練計時鈕』，可事先記錄排練時間，以便將來放映投影片時使用。

(3) 放映類型：由演講者簡報、觀眾自行瀏覽及在資訊站瀏覽。

12. 簡報列印

列印項目	說　　明
全頁投影片	將投影片列印至透明投影片上，或輸出到紙張。
備忘稿	將演說內容寫入備忘稿中，列印成書面資料，作為簡報時的備忘資料。
大綱	只檢視投影片文字內容，而不受圖形的干擾，可選擇列印大綱內容。
講義	通常是印給觀眾，當作參閱用的書面資料，可將數張投影片印在同一頁紙張上，共有每頁1、2、3、4、6、9張投影片的選擇。

(　) 1. 下列何者不是 Microsoft PowerPoint 的檢視模式？ (A)投影片瀏覽 (B)標準模式 (C)備忘稿 (D)整頁模式。

(　) 2. 在 PowerPoint 中，下列何者不是投影片中可以插入的元件？ (A)表格 (B)圖表 (C)超連結 (D)動畫特效。

(　) 3. 在 MS PowerPoint 中，無法儲存為下列哪一種檔案名稱？ (A)表單.xlsx (B)簡報.pptx (C)圖片.jpg (D)簡報範本.potx。

(　) 4. 下列有關套裝軟體的敘述，何者錯誤？ (A)香吉士用 PowerPoint 做世界美女介紹的簡報 (B)漢考克用 PhotoImpact 編修女兒的照片 (C)魯夫用 Excel 做航海冒險的天數統計圖表 (D)喬巴用 Access 編輯自傳及履歷表。

(　) 5. 下列有關 MS PowerPoint 的操作敘述何者不正確？ (A)用於製作簡報，亦可列印備忘稿、大綱文件與講義等 (B)播放投影片時不能自訂每個元件(如：圖片、表格等)的動畫效果 (C)可以設定播放時換頁的特效、速度、聲音等效果 (D)「母片」功能可用來設定每張投影片有相同的格式。

(　) 6. 下列有關 MS PowerPoint 的「插入影片及聲音」操作敘述何者不正確？ (A)插入音訊後投影片會有聲音圖示 (B)可插入所有市面上流通的各類音訊及視訊 (C)插入音訊後可設定自動、循環播放聲音 (D)插入視訊後可設定影片播放尺寸大小或全螢幕播放。

(　) 7. Microsoft PowerPoint 對投影片內物件與物件間的動畫順序，以下哪一項設定無法完成？ (A)按一下 (B)與前動畫同時 (C)接續前動畫 (D)忽略不播放。

1	D	2	D	3	A	4	D	5	B	6	B	7	D

4. (D)Access：資料庫軟體。

5. (B)由動畫配置或自訂動畫可以設定文字、圖案、聲音及影片等物件擁有動態效果。

單元

影音處理

單元名稱	單元內容	106	107	108	109	考題數	總考題數
影音處理	音	1	2	2	2	7	15
	影	2	1	2	3	8	

1. 聲音訊號

聲音是一種連續的類比訊號。

(1) 音量：聲音的強弱，以分貝(dB)為單位，一般人所能聽到的範圍約為 20dB～130dB。

(2) 音調：聲音的高低，以頻率(Hz)為單位。

(3) 音色：發音體所具有的發音特色。

2. 數位語音

(1) 影響語音數位化後聲音品質的因素：取樣頻率、取樣大小。取樣頻率愈高或取樣大小愈大，數位化後的音質就愈好。

(2) 取樣頻率：每秒對聲波取樣的次數，以 Hz(赫茲)為單位。例如：音樂 CD 的取樣頻率為 44.1kHz。

(3) 取樣大小(取樣解析度)：一個聲音樣本所占的儲存空間，例如：音樂 CD 取樣大小為 16 位元，代表有 2^{16}=65536 個位階。

(4) 語音壓縮：沒有經過壓縮的語音檔很大，除了儲存的負擔，也增加傳輸的時間，因此語音壓縮是一大流行技術。常見的語音壓縮技術有 ISO/MPEG 的 MP3、Dolby 的 AC-3。

計算：利用取樣大小及取樣頻率求出聲音檔的大小

例：假設以取樣大小 16 位元、取樣頻率 44.1kHz 來儲存 50 分鐘的聲音樂 CD。請問這張音樂 CD 共用了多少空間來儲存音樂？

解：每秒取樣 44100 次，每次取樣以 16 位元儲存，使用的空間為：

44100×16 bits = 44100×16/8 Bytes = 86.13 KB。

50 分鐘使用的空間為：86.13 KB×50×60 = 252.3 MB。

3. 常見的聲音檔案格式

類型	格式	特性
未壓縮	WAV	Windows 中標準語音檔案的格式。
	AIFF	Apple 蘋果電腦開發，用於 MacOS 平台。
	AU	SUN 昇陽公司開發，支援 Java，主要用於 UNIX、Linux。
	CDA	是音樂 CD 片最常用的檔案格式。
	MIDI	電子合成樂的檔案格式，只儲存樂譜的相關資訊，如調號、音符...等，因此檔案較小。
非破壞性壓縮	APE	Monkey's Audio，網路上俗稱猴子格式。
	FLAC	支援大多數的作業系統，屬於自由軟體。
	TTA	開放原始碼的自由軟體
	ALAC	Apple 蘋果電腦開發
破壞性壓縮	MP3	屬於 MPEG-1 標準中的聲音壓縮技術，它可以用高壓縮比(約 1:10)來轉換.wav 檔案。
	WMA	Microsoft 微軟公司開發，支援串流傳輸。
	AAC	採用 MPEG-2 的聲音壓縮標準，擁有比 MP3 更高的壓縮率(約 1:20)，而且音質比 MP3 更好。目前 Apple 的 iPod 數位音樂隨身聽可使用此種音樂檔格式。

4. 數位視訊

由一連串的畫面(frame、影格、畫格)所組成，經由快速地播放以產生連續的效果。

(1) 影格速率：單位為 fps(frame per second)，即每秒可以播放的畫面數，例如 30fps 表示每秒播放 30 個畫面。

(2) 位元資料流(位元率)：每秒傳遞資料的位元數，用來做為視訊流量或音訊流量的單位，如 Kbps、Mbps、Gbps。

> 計算：利用影格速率求出視訊流量的大小
>
> 例：若一部 DVD 影片的畫面解析度是 720×480，以全彩模式顯示每個像素，若要以影格速率是 30fps 方式播放，則其視訊流量為何？ (A)100Mbps (B)250Mbps (C)250Kbps (D)100Kbps。 ANS：(B)
>
> 解：視訊流量＝一張畫面總點數×每點的儲存空間×影格速率
> ＝(720×480)×24bits×30＝248832000 bps＝248.8 Mbps。

(3) 視訊解析度：一個畫面所包含的像素量。

- 傳統電視 SDTV：畫面的標準解析度為 704×480 或 720×576。
- 高畫質電視 HDTV：採用 720p 以上的影像訊號格式(720p/1080i/1080p)。
- Full HD：能完整顯示每秒 60 個 1920×1080p 解析度畫面的像素，才能稱為 Full HD。
- Ultra HD(UHD)：指 4K 或 8K 解析度，例如：4K 或 8K 取其水平像素約為 4000(即 1920×2)或 8000(即 1920×4)，8K UHD 解析度為(1920×4)×(1080×4)，亦即 HD 的 16 倍。

5. 影音的壓縮技術－MPEG

使用於視訊及音訊資料的破壞性失真壓縮方法，壓縮比很高。

(1) MPEG-1：製作 VCD 採用的影音壓縮技術，影音品質較差。其中的 MPEG-1 Layer 3 就是廣泛使用的 MP3 音樂壓縮技術。

(2) MPEG-2：製作 DVD 採用的影音壓縮技術。其較高畫面解析度可使用於 HDTV 電視(高畫質數位電視，解析度 1920×1080)。

(3) MPEG-4：其壓縮比高過於 MPEG-2，而影像品質接近 DVD，可使用於 HDTV 電視。

(4) MPG-4 AVC：MPG-4 進階視訊編碼，又稱為 H.264，應用於 BD、HD DVD 等設備。

(5) H.265：高效率視訊編碼(HEVC, High Efficiency Video Coding)，適用於 4K UHD 的視訊壓縮。

(6) DivX / XviD 為視訊編解碼器(codec)，是一種由 MPEG-4 衍生出的視訊壓縮格式，副檔名為.avi，需要安裝解碼程式才能播放，由於畫質清晰、檔案小，近來常見於網路上的串流影片檔。XviD 則為開放原始碼軟體(GPL 使用權)。

6. 常見影片檔案格式

格式	說明	支援串流
AVI	Windows 標準的影音檔案格式，內容可為壓縮與不壓縮	
MPEG	採用 MPEG-1 或 2 壓縮技術製作的影音檔	
DAT	採用 MPEG-1 壓縮技術製作的 VCD titles 檔案	
VOB	DVD 影片檔	
SWF	原為 Flash 軟體格式，後來加入了視訊功能	
MP4	採用 MPEG-4 壓縮技術製作的影音檔	✓
WMV WMA ASF	Windows 標準的串流影音檔案格式	✓
RM RAM RMVB	Real Network 的串流影音檔案格式	✓
MOV	Apple 的串流影音檔案格式	✓
DivX/XviD	流行於 Internet 上，採用 MPEG-4 製作視訊、採用 MP3 製作音訊的影音檔案	✓
FLV	Flash Video 的簡稱，目前如 YouTube 等影音分享網站大都採用此格式	✓
3GP 3G2	使用手機錄製的影片檔案格式，可減少儲存空間及加快傳輸時間，是 MPEG-4 Part 14(MP4)的一種簡化版本	✓

7. 串流(Streaming)

(1) 影音資料在 Internet 上一邊傳輸一邊播放的下載技術，播放前會將檔案先下載一段儲存在接收端電腦的緩衝區內，不需要將整個影音檔案下載完畢就可以播放。

(2) 當影音播放完畢後，檔案不會留存在接收端的電腦上，可以防止盜版。

(3) 順序串流(Progressive streaming)：依照順序下載檔案，在下載的同時可線上觀看，但只能觀看已下載的部份，在觀看前會有些延遲現象，適合高品質的短片，如預告片、廣告。

(4) 即時串流(Realtime streaming)：配合串流專用伺服器，可以在線上即時觀看，可跳轉播放前後的片段，但視訊品質較差，適合現場廣播。

(5) 串流傳輸伺服器：順序串流傳輸使用一般的網頁伺服器(Web Server)，即時串流需要特定的串流伺服器(Streaming Server)，例如 RealServer、Windows Media Server 或 QuickTime Streaming Server，另外還需要特殊的網路協定，例如 RTSP(Realtime Streaming Protocal)或 MMS(Microsoft Media Server)。

8. 影音播放、剪輯與特效軟體

(1) 影音播放軟體：Windows Media Player、iTunes、Real Player、QuickTime、Media Player Classic 等。

(2) 影音剪輯軟體：會聲會影(Corel VideoStudio)、威力導演(PowerDirector)、Windows Movie Maker、Windows DVD Maker、Apple iMovie、Adobe Premiere Pro 等。

(3) 視訊特效軟體：Adobe After Effects、Apple Motion 等。

(4) 線上影片播放及剪輯軟體：YouTube 等。

9. Windows Movie Maker

(1) 專案檔副檔名為.wlmp 或 mswmm。

(2) 專案檔以縮圖呈現各種素材，包含視訊、音訊、圖片、動畫及轉場特效等。

(3) 各種素材檔適用格式：

檔案類型	檔案格式
音訊檔	wav、mp3、.wma、.wm、.aif、.aiff、.asf、.au
圖片檔	.bmp、.jpeg、.jpg、.jpe、.gif、.png、.tif、.tiff、.ico、.wmf、.dib、.jfif
視訊檔	.avi、.mpeg、.mp4、.wmv、.wm、.asf、.m1v、.mp2、.mpe、.mpg、.mpv2

(4) 製作完成的作品，可以「發佈影片」到網站與他人分享或「儲存影片」成各種畫質的檔案。

( ) 1. 下列何者不是影音檔案類型？ (A)wav (B)mp3 (C)wmf (D)mov。

( ) 2. 魯夫想用 DV 拍下自己畫時代的航海記錄片，他可以選用下列哪一種未被壓縮過的數位影音格式？ (A)AVI (B)MPEG (C)MP3 (D)RM。

( ) 3. 下列檔案格式中，共有幾種是經過破壞性壓縮處理的檔案？ ❶JPEG ❷AVI ❸MPEG ❹GIF ❺BMP ❻MP3 ❼PNG ❽RM ❾WAV ❿TIFF (A)4 (B)5 (C)6 (D)7。

( ) 4. 下列有關電腦處理聲音的敘述，何者不正確？ (A)取樣頻率愈高或取樣大小愈大，數位化後的音質就愈好 (B)MP3 是屬於 MPEG 標準中的高階壓縮技術，常用於影片視訊檔的壓縮，壓縮比可達 1:10 (C)一般音樂 CD 片最常用的檔案格式是 CDA (D)WAV 檔是 Windows 中標準未壓縮語音檔案的格式。

( ) 5. 下列有關電腦處理視訊的敘述，何者不正確？ (A)MPEG-2 是用來製作DVD採用的影音壓縮技術 (B)RM是一種流行於網路上的串流影音檔案格式 (C)AVI 是 Windows 標準的影音檔案格式 (D)串流(Streaming)技術最大優點是不連線上網也可觀看網路電影。

( ) 6. 影格速率的單位為？ (A)bps (B)dpi (C)rpm (D)fps。

( ) 7. 魯夫想將自己拍攝的航海記錄片轉成串流影音檔案的格式，並且PO上網和好友分享，下列哪一種格式比較不合適？ (A)RMVB (B)MOV (C)AVI (D)WMA。

( ) 8. 下列何者為影音剪輯軟體？ (A)Windows Media Player (B)Windows Movie Maker (C)Flash (D)Adobe After Effect。

( ) 9. 採用不壓縮的方式儲存一部10分鐘的短片，若其影格速率是20 fps，而畫質顯示為640×480，畫素可使用的顏色數是65536色，則這部短片約需要多少的儲存空間？ (A)580 MB (B)2.6 GB (C)7.3 GB (D)10.5 GB。

( ) 10. 關於串流技術，下列何者為誤？ (A)串流技術分即時串流與順序串流 (B)當影音播放完畢後，檔案會留存在接收端的電腦上，以供日後使用 (C)RTP 是串流技術的網路協定 (D)即時串流的影片畫質比順序串流較差。

1	C	2	A	3	A	4	B	5	D	6	D	7	C	8	B	9	C	10	B

1. (C)wmf：向量圖檔。
3. 破壞性壓縮處理的檔案：JPEG、MPEG、MP3、RM 共 4 種
   非破壞性壓縮處理的檔案：GIF、PNG 與 TIFF
   未經壓縮處理的檔案：AVI、BMP、WAV。
4. (B)MP3 常用於聲音檔的壓縮。
5. (D)串流：影音資料在 Internet 上一邊傳輸一邊播放，所以須連線上網才能觀看網路影片。
6. (A)bps：資料傳輸單位
   (B)dpi：印表機解析度
   (C)rpm：硬碟轉速。
9. 65536 色需使用 16 位元來表示，
   $(10\times60\times20\times640\times480\times16) = 58982400000$bits=7.3GBytes。

單元

電子試算表 Microsoft Excel

單元名稱	單元內容	106	107	108	109	考題數	總考題數
電子試算表 Microsoft Excel	工作環境	1	0	1	0	2	14
	公式與函數	2	3	2	4	11	
	資料處理	0	1	0	0	1	

1. 檔案格式

(1) 活頁簿的副檔名：.xlsx(2007 之後版本)、.xls。
範本檔的副檔名：.xltx(2007 之後版本)、.xlt。

(2) Excel 2010 之後的版本可設定將整個活頁簿、作用工作表、選定的範圍儲存成.pdf 檔案類型。

2. 檔案結構

(1) 由小到大為：儲存格→工作表→活頁簿(檔案)。

(2) 活頁簿預設名稱：活頁簿 1、活頁簿 2...。

(3) 工作表：

- 預設名稱為工作表 1、工作表 2...。一本活頁簿中可包含多張工作表，最少為一張。

- 由欄與列組成，欄(橫)以英文字母(A、B...AA、AB...)表示，列(直)以阿拉伯數字(1、2...)表示。
- 刪除的工作表無法被復原。

(4) 儲存格：

- 儲存格名稱：如欄 A 與列 1 的交集儲存格稱為「A1」儲存格。
- 範圍表示：右圖儲存格範圍為「A1：C3」，共包含 9 個儲存格。

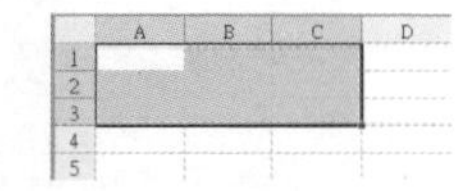

- 選取方式：

範圍	方　　式
單一儲存格	以滑鼠✚直接點選
不相鄰儲存格	按住 Ctrl 鍵不放，再一一點選
相鄰儲存格	①直接以滑鼠拖曳選取 ②先選取連續範圍中的第一個，按住 Shift 鍵不放，再以滑鼠選取最後一個
整列	以滑鼠➡按列標題
整欄	以滑鼠⬇按欄標題
整張工作表	按工作表左上方的「工作表全選鈕」

3. 資料編輯

(1) 編輯內容：

- 按 F2 鍵可修改作用儲存格內容。
- 若要將數字以文字的方式處理，輸入時要在數字前加「'」符號。
- 按 Alt＋Enter 鍵可在輸入資料時讓資料在同一個儲存格內換列顯示。
- 按 Delete 鍵：只能清除儲存格的內容，選取『常用／編輯／清除』可選擇清除格式、內容、註解、超連結或全部。

(2) 資料類別：預設為「通用格式」。

- 文字：預設靠左對齊，欄寬不足時只會顯示部份內容。
- 數字：預設靠右對齊，欄寬不足時會以##符號顯示。

4. 自訂數字格式

(1) # ：只顯示有效位數，整數最左邊的 0 和小數最右邊的 0 則皆不顯示。

(2) 0 ：顯示無效的零值，不足的位數皆顯示為 0。

(3) , ：千分位分隔符號。

(4) ? ：在小數點的兩邊替無效的零加入空間，讓小數點對齊。

自訂格式代碼	儲存格資料	顯示結果
####.#	12345.6789	12345.7
#.000	5.6	5.600
#,##0	60000	60,000
?.???	3.1 5.666	3.1 5.666
# ??/??	3.25 16.5	3 1/4 16 1/2

5. 公式與函數

(1) 公式或函數之前，須加上「＝」符號，否則會視為文字。

(2) 在公式或函數中加入文字時文字須加上雙引號「""」，文字與公式或函數之間須加上「&」符號，如「="總計 " & SUM(D2：D50) & "人"」。

(3) 按「插入函數」*fx*鈕，可以經由 Excel 引導使用內建函數。

(4) 按「加總」Σ 鈕可直接加總所選取範圍中的資料。

(5) 公式與函數可以引用不同工作表或活頁簿的儲存格資料。

6. 常用的函數

函數	功能	範　　例
SUM	計算總和	=SUM(D2:D6) 計算 D2~D6 總和
SUMIF	計算符合條件的數字總和	=SUMIF(D2:D6,">50") 計算 D2~D6 中大於 50 的數字總和
SUMPRODUCT	計算範圍中各對應儲存格的乘積總和	=SUMPRODUCT(B1:B2,D1:D2) 計算 B1*D1+B2*D2 的數字總和

函數	功能	範　　例
AVERAGE	計算平均值	=AVERAGE(D2:D6) 計算 D2~D6 平均值
MAX	找出最大值	=MAX(D2:D6) 找出 D2~D6 中的最大值
MIN	找出最小值	=MIN(D2:D6) 找出 D2~D6 中的最小值
RANK	找出排名	=RANK(D2,$D$2:$D$6,0) 找出 D2 在 D2~D6 中的排名，第 3 個引數為 0 或省略代表遞減，其他數值代表遞增
COUNT	計算數值資料的儲存格個數	=COUNT(D2:D6) 計算 D2~D6 含有數值資料的儲存格個數
COUNTIF	計算符合條件的儲存格個數	=COUNTIF(D2:D6,"甲") 計算 D2~D6 資料為「甲」的儲存格個數
COUNTA	計算含有資料的儲存格個數	=COUNTA(D2:D6) 計算 D2~D6 含有資料的儲存格個數
IF	條件判斷	=IF(D2>=60,"甲","乙") 如果 D2>=60 成立，顯示「甲」，不成立則顯示「乙」
VLOOKUP	垂直查表傳回資料(表中的資料需事先排序)	=VLOOKUP(D2,$F$3:$H$12,2,TRUE) 於絕對位址 F3~H12 中尋找 D2 值，並傳回第 2 欄的資料。第 4 個引數為 TRUE 或省略代表會尋找完全或大約符合的值，FALSE 則會尋找完全符合的值
HLOOKUP	水平查表傳回資料(表中的資料需事先排序)	=HLOOKUP(B2,$A$18:$I$20,3,FALSE) 於絕對位址 A18~I20 中尋找 B2 值，並傳回第 3 列的資料
INT	取不大於引數的最大整數值	=INT(8.9) 取不大於 8.9 的最大整數為 8 =INT(-8.9) 取不大於-8.9 的最大整數為-9
ROUND	取四捨五入值	=ROUND(2.784,1)=2.8 2.784 取小數第 1 位四捨五入為 2.8

函數	功能	範　　例
NOT	傳回相反值	=NOT(TRUE)=FALSE =NOT(FALSE)=TRUE
AND	傳回所有引數是否皆為真	=AND(TRUE,TRUE)=TRUE =AND(TRUE,FALSE)=FALSE
OR	傳回是否有任一引數為真	=OR(TRUE,FALSE)=TRUE =OR(FALSE,FALSE)=FALSE

7. 公式與函數的複製

(1) 可以直接用「拖曳填滿」的方式，將公式或函數複製填滿至所選取的範圍。

例：A1、A2、A3 儲存格中的數值分別為 1、2、3，若 B1 儲存格的公式為「=A1+A2」，利用「拖曳填滿」的方式複製公式到 B2、B3 及 C1、C2、C3。

	A	B	C
1	1	3	
2	2		
3	3		

	A	B	C
1	1	3	8
2	2	5	8
3	3	3	3

儲存格	公式	值
B1	= A1+A2	3
B2	= A2+A3	5
B3	= A3+A4	3
C1	= B1+B2	8
C2	= B2+B3	8
C3	= B3+B4	3

(2) 儲存格參照位址的類型：

位址類型	表示方法	說明
相對參照	A1	隨著公式複製的位置而改變
絕對參照	$A$1	不會隨著公式複製的位置而改變
混合參照	A$1 或 $A1	列或欄獨立相對或絕對參照

例：「B1」儲存格公式為「=A2+$B3+C$4+$D$5」，將「B1」複製到「F3」時，則「F3」的公式為「=E4+$B5+G$4+$D$5」。
公式的複製，依相對參照及絕對參照推演：
「B→F」往後 4 個順位，以「+4」代表。
「1→3」往後 2 個順位，以「+2」代表。

B1 = A2 + $B3 + C$4 + $D$5

+4 +2 +4 +2 不變 +2 +4 不變 不變 不變

F3 = E4 + $B5 + G$4 + $D$5

8. 統計圖表

(1) 圖表類型：

- 顯示實際數值，例如：直條圖、橫條圖。
- 顯示數值比例，例如：圓形圖、環圈圖。
- 顯示兩個數值關係，例如：XY 散佈圖、雷達圖。

(2) 圖表位置：可置於原來的工作表中，或自行獨立成一張工作表。

9. 資料排序

(1) 先選取資料範圍，再選取『資料／排序與篩選／排序』。

(2) 可同時設定 64 個排序鍵(Excel 2003 最多可設定 3 個)。

(3) 按「遞增排序」鈕或「遞減排序」鈕，只能以目前所在的欄位為主要鍵做「單鍵排序」。

(4) 數字依數值大小排序，英文字依 ASCII 值大小排序，中文字可依筆劃或注音排序。

10. 資料篩選

(1) 由多筆資料中篩選出符合準則的資料，與排序不同的是，篩選並不重排清單，而只是隱藏不符合條件的資料列。

(2) 自動篩選：由欄位右邊的篩選鈕下拉清單中選取準則，符合準則的資料會顯示在原工作表，不符合的資料會隱藏。

(3) 進階篩選：由建立準則範圍視窗建立準則，符合準則的資料可顯示在原工作表或複製到其他工作表。

11. 資料小計

(1) 可在清單中自動計算小計、總計值、項目個數等。

(2) 資料小計之前必須將清單排序，將要小計的資料群組在一起。

(3) 可對任一個包含數字的欄位計算小計值。

(4) 取代目前小計：要在不同欄位使用不一樣的函數時需取消勾選「取代目前小計」;若勾選則會將所有要計算的欄位一併重新套用相同的函數。

12. 資料驗證

自動檢查輸入的資料是否符合驗證條件，例如：介於某範圍的整數、文字長度、日期等，符合的資料可輸入，不符合的資料則提出警告。

13. 合併彙算

可將不同工作表中所選取的資料，套用如加總等函數合併彙算到同一個工作表內，方便計算與檢視多張工作表中的資料。

14. 樞紐分析

將資料重新組織，分析萃取出隱含於資料中的資訊，並製成統計圖表。

( ) 1. 索隆在威士忌山峰找到一套名為「Excel」的操作祕芨，經短暫練習之後，他很高興的跟同伴們炫耀這件寶物。不過終究接觸時間太短，當他在說明這項工具的操作方法時，還是被聰明的喬巴找到了以下的破綻。這個錯誤會是下列哪一項呢？ (A)啟動 Excel 時會自動開啟新的活頁簿 (B)可以對工作表進行刪除、重新命名或移動複製等作業 (C)被刪除的儲存格及工作表可以復原 (D)檔案結構由小至大為：儲存格→工作表→活頁簿。

( ) 2. 有關 Excel 的敘述，哪一個是正確的？ (A)預設的副檔名為 pdf (B)範圍「B3：F5」共包含 15 個儲存格 (C)按 Delete 鍵可以清除儲存格的格式 (D)按 Shift 鍵可以選取不相鄰的儲存格。

( ) 3. 在 Excel 中，下列有關儲存格資料格式的敘述，何者有誤？ (A)預設的資料格式為「通用格式」 (B)數值資料預設為靠右對齊，無法設定為其他對齊方式 (C)若儲存格中的資料為文字，其長度大於欄

寬且右邊儲存格並無資料，則資料會完整顯示 (D)數值資料可設定成文字類別格式。

( ) 4. 在 Excel 中，若數字「12345.50」儲存格的格式代碼「#,### ?/?」顯示，則下列何者為正確結果？ (A)12,345 1/2 (B)12,345.5 (C)12,345 10/20 (D)12345,1/2。

( ) 5. 關於 Excel 的公式的使用，下列何者錯誤？ (A)第一個字元必須是「=」符號 (B)將公式中的「A8:A50」儲存格位址改成絕對參照表示方式為「$A$8:$A$50」 (C)在儲存格中，若文字與公式或函數之間要同時使用，兩者之間須加上「#」符號 (D)在一個儲存格中，可同時使用多個函數。

( ) 6. 在 Excel 中，假設 A1、A2、A3、A4、A5 分別存有數值資料 1、2、3、4、5，下列關於各函數的敘述何者有誤？ (A)SUM(A3:A5)結果等於 A3+A4+A5 (B)AVERAGE(A1:A4)結果等於 SUM(A1+A2+A3)/3 (C)COUNT(A3:A5)結果為 3 (D)RANK(A1,$A$1:$A$5)結果為 5。

( ) 7. 在 Excel 中，A1,A2,A3,B1,B2,B3 的值分別為 20,40,120,30,60,90，若儲存格 B4 中存放公式「=AVERAGE(B1,B3)」，將此儲存格複製到儲存格 A4，則儲存格 A4 的值為何？ (A)40 (B)60 (C)180 (D)70。

( ) 8. 在 Excel 中，若儲存格 C5 存放公式「=F7+$B9」，將此儲存格複製到儲存格 B7，則儲存格 B7 的公式為？ (A)=G9+$C$3 (B)=$A9+$B7 (C)=E9+$B11 (D)顯示錯誤訊息。

( ) 9. 香吉士使用 Excel 來輸入和統計自家餐廳的各項財務數字，為了怕店員輸入錯誤的數字導致嚴重的損失，他可以利用下列哪一項功能，設定菜單編號欄儲存格內只能輸入 1~100 的整數？ (A)資料驗證 (B)資料篩選 (C)公式稽核 (D)追蹤修訂。

( ) 10. 在 Excel 中，下列的說法何者有誤？ (A)合併彙算可以將資料重新組織，分析萃取出隱含於資料中的資訊 (B)篩選時，不符合條件的資料會自動隱藏 (C)使用資料小計前必須將清單先排序 (D)資料排序可同時設定多個鍵值的排序。

1	C	2	B	3	B	4	A	5	C	6	B	7	D	8	C	9	A	10	A

1. (C)刪除的儲存格可以復原，刪除的工作表則否。
2. (A)副檔名為 xlsx
   (C)按 Delete 鍵只能清除儲存格的內容，選取『常用／編輯／清除』可清除格式、內容、註解、超連結或全部
   (D)按 Shift 鍵可以選取相鄰的儲存格。
3. (B)數值資料預設為靠右對齊，可以設定為其他對齊方式，如：置中、靠左。
5. (C)在儲存格中，若文字與公式或函數之間要同時使用，兩者之間須加上「&」符號。
6. (B)AVERAGE(A1:A4)=SUM(A1+A2+A3+A4)/4。
7. A4=AVERAGE(A1,A3)= (A1+A3)/2=(20+120)/2=70。
8.

```
    C 5      =      F 7      +      $B 9
-1  ↓  ↓ +2    -1   ↓  ↓ +2    不變  ↓  ↓ +2
    B 7      =      E 9      +      $B 11
```

單元 8 通訊協定

單元名稱	單元內容	106	107	108	109	考題數	總考題數
通訊協定	ISO/OSI	4	3	2	1	10	12
	TCP/IP 架構	0	0	1	0	1	
	其它通訊協定	0	0	1	0	1	

1. 通訊協定

網路上硬體及軟體之間通訊的共同協定，兩部電腦之間資訊往來都得使用相同的通訊協定。

2. 開放式系統連接參考模式(OSI)

國際標準組織(ISO)提出開放式系統連接(簡稱 OSI)的參考模式，共七層，層級愈低愈接近硬體層次，層級愈高愈接近使用者層次。

層級	名稱	功能	相關技術及設備
七	應用層 Application	負責使用者與網路間的溝通(如：軟體功能性及使用者介面等)	網路應用軟體的 WWW、ftp、Telnet、E-mail(IMAP 協定、POP3 協定、SMTP 協定)、DHCP 協定、DNS 協定等

層級	名稱	功能	相關技術及設備
六	表達層 Presentation	將資料轉為電腦系統能處理的格式(如：解壓縮、解密、壓縮、加密)	
五	會議層 Session	負責使用者連線管理	
四	傳輸層 Transport	負責監督資料封包傳輸的正確性	TCP 協定、UDP 協定
三	網路層 Network	加入 IP 位址產生資料封包(packet)，負責兩端點的路徑管理(建立、維護、結束、選擇傳輸最佳路徑等)	IP 協定、ARP 協定、路由器、第 3 層交換器、IP 分享器
二	資料連結層 Data Link	加入實體位址(MAC 位址)制定訊框(Frame)，檢查與偵測傳輸過程是否產生錯誤，解決資料碰撞	網路卡、交換器、橋接器、CSMA/CD 協定(乙太網路)、Token Ring 協定、FDDI 協定、PPPoE 協定、Wi-Fi、WiMAX、HSDPA
一	實體層 Physical	負責定義網路硬體的傳輸媒介、規格、佈線方式	傳輸媒體、數據機、集線器、中繼器

3. TCP/IP 通訊協定

(1) TCP/IP(也被稱為 DoD 模型)與 OSI 的比較：TCP/IP 架構共分四層。

OSI 七層架構	TCP/IP 四層架構	
應用層(Application) 表達層(Presentation) 會議層(Session)	四	應用層(Application)：提供網路服務給使用者的各項協定。 例：HTTP、FTP、POP3、SMTP、mailto、IMAP、TELNET、DHCP、DNS
傳輸層(Transport)	三	傳輸層(Transport)：負責流量控制、錯誤控制，確保資料傳送。 例：TCP、UDP
網路層(Network)	二	網際網路層(Internet)：負責 IP 定址、資料傳輸的路徑選擇。 例：IP、ARP、ICMP

<table>
<tr><th>OSI 七層架構</th><th colspan="2">TCP/IP 四層架構</th></tr>
<tr><td>資料連結層(Data Link)</td><td rowspan="2">一</td><td rowspan="2">網路介面層(Network Interface)：負責網路硬體溝通。
例：網路卡的驅動程式</td></tr>
<tr><td>實體層(Physical)</td></tr>
</table>

(2) 常用的 TCP/IP 協定：

TCP	資料傳輸協定	SMTP	簡易電子郵件傳送協定
IP	Internet 通訊協定	POP3	電子郵件接收協定
HTTP	WWW 傳輸協定	IMAP	網際網路訊息接收協定
FTP	檔案傳輸協定	DHCP	動態主機設定協定
TELNET	遠端登錄協定	PPP PPPoE	建立及維持兩台電腦之間的連線
mailto	啟動電子郵件軟體寄送新信件	DNS	網域名稱協定

(3) URL(全球資源定位器，Uniform Resource Locator)：讓在 Internet 上的所有資源都能透過此方法而找到其位置。

- URL 格式：『通訊協定://伺服器位址/檔案路徑/檔案名稱』
- 常見的通訊協定：http、ftp、mailto 等。
  http://www.ntu.edu.tw (http://可省略)
  ftp://ftp.ntu.edu.tw
  mailto:dreamer6@ntu.edu.tw (沒有 //)

(4) TCP/IP 架構中傳輸層連接上層的應用層，定義了一些特定的傳輸埠(Port)，其中常見者如：HTTP 為 80，TELNET 為 23，FTP 為 21，SMTP 為 25。用法如：『ftp://ftp.ntu.edu.tw:21』。

Line考題!

( ) 1. 魯夫使用 Internet Explorer 瀏覽器上網搜尋大秘寶「One Piece」的資訊，尋找如何進入偉大航道，找到「海賊王」羅傑所有的財寶。魯夫所使用的瀏覽器是屬於國際標準組織(ISO)所規範的七層開放式系統連接模型(OSI)的哪一層？ (A)資料連結層(Data Link Layer) (B)網路層(Network Layer) (C)傳輸層(Transport Layer) (D)應用層(Application Layer)。

( ) 2. 路由器(Router)主要負責資料傳輸的路徑管理，其運作層次為？ (A)實體層 (B)資料連結層 (C)網路層 (D)傳輸層。

( ) 3. 對於 OSI 的七層架構圖，下列敘述何者有誤？ (A)集線器的運作是屬於實體層 (B)傳輸層負責監督封包是否正確傳遞 (C)表達層負責網路的資料流量控制 (D)各類網路軟體屬於應用層。

( ) 4. TCP/IP 網路四層架構中的網際網路層如同國際標準組織(ISO)所訂定之開放式系統連結(OSI)的參考模式中的哪一層？ (A)網路層 (B)資料鏈路層 (C)實體層 (D)運送層。

( ) 5. 下列有關 OSI(Open System Interconnection，開放系統連結)的敘述，何者錯誤？ (A)TCP(Transmission Control Protocol)的功能是對應 OSI 七層架構中的傳輸層(Transport Layer) (B)IP(Internet Protocol)的功能是對應 OSI 七層架構中的會議層(Session Layer) (C)在 OSI 七層架構中，最上層為應用層(Application Layer)，最下層為實體層(Physical Layer) (D)在 OSI 七層架構中，實體層(Physical Layer)負責將資料轉換成傳輸媒介所能傳遞的電子信號。

( ) 6. TCP/IP 是一群通訊協定的總稱，下列何者非屬其一？ (A)FTP (B)SSL/TLS (C)TCP/IP (D)SMTP/POP3。

( ) 7. 欲利用 IE 瀏覽「網址為 www.npm.gov.tw 且埠號(Port)為 6000」的虛擬主機，應如何輸入其位址？ (A)http://www.npm.gov.tw/ (B)http://www.npm.gov.tw/index.htm (C)http://www.npm.gov.tw/6000 (D)http://www.npm.gov.tw:6000/。

( ) 8. 根據下列何種通訊協定，當連線網際網路時會自動分配一個 IP 位址給所使用的電腦？ (A)FTP (B)TCP/IP (C)DHCP (D)HTTP。

( ) 9. 要在網際網路上專用於提供檔案傳輸的伺服器中上傳或下載檔案時，下列哪一個 URL 是可行的？
(A)ftp://163.72.194.46 (B)mailto:chen@hotmail.com
(C)bbs://214.116.142.21 (D)http://www.nctu.edu.tw/en/index.htm。

( )10.喬巴為了方便和所有的伙伴們使用 E-MAIL 互相聯絡，因此他想要在自己的電腦中安裝電子郵件軟體。安裝時需要設定郵件伺服器來接收信件，此功能會使用到下列哪一種通訊協定？ (A)SMTP (B)POP3 (C)BBS (D)Spam。

1	D	2	C	3	C	4	A	5	B	6	B	7	D	8	C	9	A	10	B

3. (C)表達層負責將資料轉為使用者看得懂的格式。
6. (B)SSL/TLS：網路安全協定。

單元 9

智慧財產權與軟體授權、封閉與開放文件格式

單元名稱	單元內容	106	107	108	109	考題數	總考題數
智慧財產權與軟體授權、封閉與開放文件格式	資訊智慧財產權	0	0	0	1	1	11
	軟體授權	1	1	1	1	4	
	創用 CC	1	1	1	0	3	
	封閉與開放文件格式	2	0	1	0	3	

1. 資訊智慧財產權

(1) 智慧財產權包含商標權、專利權、著作權等，智慧財產權主管機關為經濟部。

(2) 電腦程式受著作權法保護。

(3) 電腦程式著作權人有複製、銷售、出租、翻譯、修改權。

(4) 電腦程式合法持有人可以修改程式，但限於自己使用。

(5) 電腦程式合法持有人可複製作為備份存檔，但限於自己使用。

(6) 一套軟體不能安裝於數台電腦。

(7) 在網路上共同使用一套軟體，須購買足夠版權或網路版。

(8) 程式師受雇於某公司時，若雙方於訂約時無特別約定則程式的所有權及著作權皆屬於該公司所有，著作人則屬程式師。

(9) 離線閱讀或下載網路上的資料屬於重製行為，違反著作權法。

(10) 攝影、視聽、錄音之著作財產權存續至著作公開發表後 50 年。

(11) 電腦程式著作財產權存續至著作人生存期間及其死亡後 50 年。

(12) 法律、公文、依法令舉行之考試試題與備用試題、標語及通用之名詞、符號、公式、表格、單純傳達事實之新聞報導…等，皆不受著作權之保護。

2. 著作權(Copyright) ©

(1) 法律賦予著作人對其著作的保護，限制他人使用的自由，以保障著作人的權益。當著作完成之時就會產生著作人格權和著作財產權。

(2) 著作人格權：著作人享有公開發表、姓名表示、禁止他人不當改作之權利。著作人格權專屬於著作人本身，不得讓與或繼承。

(3) 著作財產權：著作人對其著作享有重製、公開口述、公開播送、公開展示、改作、移轉、出租…等權利。著作財產權得部分或全部讓與他人或與他人共有。

3. Copyleft 🄯：

仍保有著作權，允許他人修改和散佈其作品，且限定相關的衍生作品必須使用同樣的授權方式。

4. **軟體授權**

(1) 專有軟體(Proprietary Software)：有著作權，使用、修改及散佈的方式由軟體所有者制定。如：Windows 10。分成單一授權及集體授權二種。

(2) 免費軟體(Freeware)：有著作權，使用者不必付費即可複製、使用，但不能複製給其他人。如：Adobe Reader、國稅局報稅軟體。

(3) 共享軟體(Shareware)：有著作權，可複製、使用。若使用人認為適用，則應付費予原著作權人始可取得合法使用權。如：WinRAR。

(4) 自由軟體(Free Software)／開放原始碼軟體(Open Source Software)：有著作權，採用 GPL 授權方式，允許使用者複製、使用、散布、改良，需開放原始碼。如：Linux。

(5) 公共財軟體(Public Domain Software)：不具有著作權，使用者不必付費即可複製、使用。如：已過保護期限的著作物。

5. 創用 CC(Creative Commons)

創用 CC 授權保留部分權利，讓別人可以合法引用，其中包含 4 個核心元素及 6 種授權條款。

(1) 4 個核心元素：

姓名標示(Attribution)：必須保留著作者的姓名標示。

非商業性(Noncommercial)：僅限於非商業性目的。

相同方式分享(Share Alike)：必須採用與原著作相同的授權條款。

禁止改作(No Derivatives)：不得改作產生衍生著作。

(2) 6 種授權條款：這些條款都會要求「姓名標示」，並且允許非商業性的重製。因為「禁止改作」和「相同方式分享」互有衝突不能同時出現，4 個核心元素可以組合成 6 種主要的授權條款。

圖案標示	授權條款
cc BY	姓名標示
cc BY ND	姓名標示－禁止改作
cc BY SA	姓名標示－相同方式分享
cc BY NC	姓名標示－非商業性
cc BY NC ND	姓名標示－非商業性－禁止改作
cc BY NC SA	姓名標示－非商業性－相同方式分享

6. 封閉與開放文件格式

(1) 封閉格式：檔案格式為不對外公布的商業機密，或受到專利、版權的保護而他人不得使用。缺點為軟體的選用受限、容易被迫軟體升級、所有權受到侵害。常見的檔案類型如：.doc、.xls、.ppt、.mdb、.ufo、.fla 等。

(2) 開放格式：文件規格完全公開，並可自由下載，不需使用特定的軟硬體，確保文件可以自由交換、轉換、流傳及保存。常見的檔案類型如：.txt、.pdf、.xml、.jpeg、.tif、.mpeg、.wav、.htm、.html 等。

7. 辦公室應用文件開放格式

(1) 有 ODF 和 OOXML 二種，由 XML 語言再延伸發展而來。

(2) 支援的軟體及產生的副檔名：

文件類型	支援軟體	副檔名
ODF 格式	MS Office 2007 之後的版本、Google Docs、KOffice、OpenOffice.org	文書檔：.odt 電子試算表檔：.ods 簡報檔：.odp
OOXML 格式	MS Office 2007 之後的版本	文書檔：.docx 電子試算表檔：.xlsx 簡報檔：.pptx

( ) 1. 智慧財產權不包含下列何者？ (A)隱私權 (B)商標權 (C)著作權 (D)專利權。

( ) 2. 我國智慧財產權主管機關是哪一個部門？ (A)警察局 (B)內政部 (C)資策會 (D)經濟部。

( ) 3. 有關智慧財產權的說明，下列何者正確？ (A)電腦程式受商標法保護 (B)電腦程式合法持有人可以修改程式漏洞後出售 (C)程式師受雇於某公司時，程式的所有權屬於該公司所有 (D)下載網路上的資料並不會違反著作權法。

(　) 4. 海盜獵人索隆除了精通劍術外，對於電腦世界也十分有研究，試問他的下列何種行為並不會違反著作權法？ (A)傳送 Linux 給朋友安裝 (B)將網路下載的圖片燒成光碟販售 (C)使用同一片正版的 Windows 8 光碟安裝船中的 3 部電腦 (D)將音樂 CD 轉成 MP3 上傳與網友共享。

(　) 5. 下列關於網路上 Freeware 與 Shareware 二種軟體的敘述，何者有誤？ (A)Freeware 是指免費軟體，Shareware 是指共享軟體 (B)Freeware 不具有著作權，Shareware 的原創作者則保有著作權 (C)Freeware 使用者不用付費即可合法安裝使用，而 Shareware 雖可複製使用，但仍需付費給著作權人才可取得合法使用權 (D)兩者都有可能潛伏病毒的危險。

(　) 6. 喬巴設置了一個海上醫藥網站，網站使用了創用 CC(Creative Commons)授權，網站上有一個圖示如下圖，其符號意義除代表「相同方式分享」之外，還代表下列何者？ (A)非商業性 (B)姓名標示 (C)禁止改作 (D)允許改作及商業性。

(　) 7. 下列哪一種檔案類型屬於封閉格式？
(A)txt (B)wav (C)fla (D)jpeg。

(　) 8. 有關開放格式文件的敘述，下列何者有誤？ (A)不需使用特定的軟硬體即可開啟使用 (B)檔案格式不對外公布 (C)可自由下載 (D).tiff 是屬於開放格式的檔案。

(　) 9. 下列何者非開放格式的檔案副檔名？ (A).odt (B).pdf (C).odp (D).doc。

1	A	2	D	3	C	4	A	5	B	6	B	7	C	8	B	9	D

5. (B)Freeware 與 Shareware 皆具有著作權。

單元 10

作業系統

單元名稱	單元內容	106	107	108	109	考題數	總考題數
作業系統	作業系統功能	0	2	0	0	2	11
	作業系統類型	1	0	1	2	4	
	微軟作業系統	0	1	1	0	2	
	其他作業系統	0	1	0	0	1	
	其他相關知識	0	1	0	1	2	

1. 作業系統的定義

(1) 作業系統(OS)：電腦硬體與應用軟體之間溝通的橋樑，屬於系統軟體。

(2) 核心程式(Kernel)：開機時最先被載入記憶體內，負責軟硬體的控制以及資源的分配。

2. 作業系統功能

(1) I/O(輸入/輸出)管理：輸出入設備(如磁碟機、印表機、滑鼠…等)管理。

(2) 程序管理：目前正在 CPU 中執行的程式(Program)稱為程序(Process)，為了讓 CPU 發揮最大的效能，作業系統需合理分配各程序的執行順序以共用 CPU。

(3) 記憶體管理：主記憶體(RAM)的存取控制、分配、回收再分配。

(4) 檔案系統管理：提供良好的檔案系統讓使用者存取檔案。
(5) 使用者管理：多人作業系統運用群組的概念提供管理「使用者帳號」、「密碼」與「使用權限」等功能。
(6) 提供良好的使用者介面(Shell)：作業系統提供文字介面或圖形使用者介面(GUI)，方便使用者與作業系統之間的溝通。
(7) 執行軟體並提供服務：視應用軟體執行的需求，提供相關的公用服務。

3. 作業系統類型

類型	說明	常見的作業系統
單人單工	同一時間只允許一個人使用，而且只能執行一個程式	MS-DOS
單人多工	同一時間只允許一人使用，但可執行多個程式	Windows 7/8 /10、macOS、iOS、Android、Chrome OS
多人多工	同一時間允許多人使用，且能同時執行多個程式	Windows Server 系列、macOS Server、UNIX、Linux

4. 常見的作業系統

平台	常見的作業系統
微電腦作業系統	MS-DOS、Windows 7/8/10、UNIX、Linux、macOS、Chrome OS
行動作業系統	Android、iOS
網路作業系統	Windows Server 系列、UNIX、Linux、macOS Server

5. Windows 作業系統特色

(1) GUI：圖形使用者介面，具親和力讓使用者容易操作。
(2) 提供 32 位元和 64 位元的版本。
(3) P&P：隨插隨用(Plug and Play)功能，硬體插入時會自動辨識並安裝驅動程式。

(4) DDE：動態資料交換，利用「剪貼簿」於不同應用軟體間交換資料。

(5) OLE：物件連結與嵌入，若為連結方式，當物件在 A 軟體中被修改時，則會同步在 B 軟體中修改；若為嵌入方式，則不會同步修改。

6. 微軟(Microsoft)作業系統

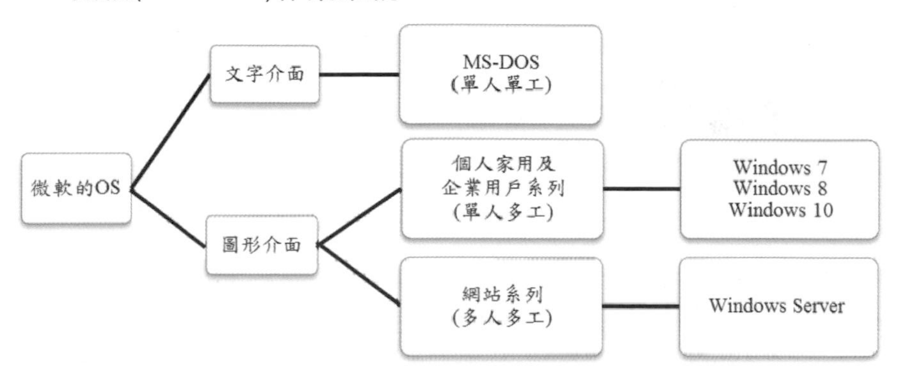

7. MS-DOS

(1) 系統檔案小，是 16 位元的純文字介面作業系統。

(2) 命令提示字元：在 Windows 系統中，仍保有 DOS 模式，可由『開始／所有程式／附屬應用程式』功能表中切換至『命令提示字元』視窗，可直接在文字視窗中鍵入命令。

8. 其他作業系統

(1) UNIX 與 Linux

- 多人多工作業系統。
- 使用者操作介面：文字模式及 GUI(X-Window)。
- 兩者皆是用 C 語言所寫成，可跨不同的平台上使用，適用於各型式的電腦。
- 系統穩定性高且提供完整網路服務，常作為網路作業系統。
- UNIX 由美國貝爾(Bell)實驗室所開發，Linux 是 UNIX 的相容作業系統，由芬蘭赫爾辛基大學所開發。
- Linux 具有 UNIX 的優點，而且屬於自由軟體，採用 GPL 授權方式，開放原始碼(開放源碼，Open Source)可以免費使用及修改。

(2) macOS (Mac OS)
- 單人多工作業系統，有 32 及 64 位元的版本，2016 年起更名為 macOS。
- 使用者操作介面：GUI。
- Apple 公司為麥金塔(Macintosh)系列個人電腦所開發。
- 影像及音樂處理表現出色，廣泛應用於出版及音樂專業領域。

(3) Chrome OS
- 由 Google 公司基於網路的雲端運算概念所推出適用於桌上型、筆記型等微電腦的作業系統。
- 強調快速、簡單、安全，像是一個功能加強版的瀏覽器。
- 以 Linux 為基礎，採開放原始碼的形式發佈。
- 除了安裝系統的少量空間外，所有的軟體服務都可以透過網路來完成，用戶端的電腦不需要安裝其他的軟體。

9. 其他相關知識

(1) iOS
- Apple 公司為 iPhone 開發的作業系統，早期稱為 iPhone OS。
- 提供給 iPhone、iPod touch 及 iPad 等 Apple 系列產品使用。
- 可藉由 App Store 下載 App 應用程式。

(2) Android
- Google 開發應用於手機、平板電腦等行動裝置的作業系統。
- 基於 Linux 作業系統所開發，屬於開放式的平台。
- 可藉由 Google Play 下載 App 應用程式。

(3) 網路作業系統：用來管理整個網路的軟硬體資源，採集中式管理，為多人多工的作業系統。如 Windows Server 系列、UNIX、Linux 等。

(4) 同一電腦(硬碟)中可以同時安裝多個作業系統，但同一時間只能選用一種作業系統。

(5) 一個新硬碟的使用流程：

( ) 1. 下列有關作業系統的敘述，何者錯誤？ (A)分配不同程式使用電腦資源 (B)提供使用者操作介面 (C)監控程式執行過程 (D)自動檢測並修復存取網路時的各種錯誤。

( ) 2. 下列何者屬於作業系統提供的功能？ (A)設定使用光碟開機 (B)設定不同使用者的帳號及權限 (C)文書處理和影音編輯 (D)防毒、防駭及掃毒。

( ) 3. Linux 是屬於哪一種類型的作業系統？ (A)多人多工 (B)單人單工 (C)單人多工 (D)多人單工。

( ) 4. 下列名詞解釋，何者是不正確的？ (A)GUI：圖形使用者介面 (B)P&P：隨插即用 (C)DDE：動態資料交換 (D)OLE：修正程式碼。

( ) 5. 海賊王網站可在同一時間提供多個使用者瀏覽網頁，該部伺服器內應安裝何種作業系統會比較合適？ (A)Windows 10 (B)macOS (C)Symbian (D)UNIX。

( ) 6. 具有原始碼公開、免費且可以合法下載使用的是下列哪一種電腦作業系統？ (A)Linux (B)iOS (C)macOS (D)Windows 10。

( ) 7. 有關作業系統的敘述，何者是正確的？ (A)Android 作業系統可安裝於 iPhone 中 (B)Windows Server 系列只能安裝在網路伺服器中 (C)同一電腦硬碟中可以同時安裝 Windows 及 Linux 作業系統 (D)Linux 以 Visual Basic 語言寫成，可跨不同平台使用。

( ) 8. 海上廚師香吉士最近購置智慧型手機，他將自己獨創的航海料理利用 FB 分享給大家，試問下列哪一種作業系統適合用來安裝於智慧型手機中？ (A)Chrome OS (B)Android (C)Windows 10 (D)UNIX。

( ) 9. 有關作業系統的描述，何者較為適當？ (A)防毒是主要的功能之一 (B)Microsoft Word 是作業系統的一種 (C)從網路上能輕易地找到 Windows 和 Linux 的程式碼 (D)Linux 可與智慧型手機搭配使用。

(　)10.①安裝中打 CAI 軟體 ②分割成 C 磁碟與 D 磁碟 ③格式化磁碟 ④安裝 Windows，通常我們對於一顆新硬碟的使用流程為？ (A)①②③④ (B)②③④① (C)①④③② (D)②④③①。

1	D	2	B	3	A	4	D	5	D	6	A	7	C	8	B	9	D	10	B

1. (D)作業系統無法自動修復存取網路時所發生的錯誤。
2. (A)使用光碟開機需由 BIOS 設定。
4. (D)OLE：物件連結與嵌入
7. (B)Windows Server 系列可安裝在網路伺服器(Server)和個人電腦(PC)中。
   (D)Linux 以 C 語言寫成，可跨不同平台使用。
9. (A)防毒不是作業系統主要的功能。
   (B)Microsoft Word 是應用軟體的一種。
   (C)從網路上可以找到 Linux 的程式碼，而 Windows 的程式碼則否。

計算機概論統一入學測驗模擬試題（一）

單元 1～10

班級：______　　姓名：__________　　座號：_____　　得分

本試卷共 25 題，每題 4 分，共 100 分

(　) 1. 在 Microsoft Word 中，將游標移至表格左上角按下圖示，則會選取表格的哪一部份？　(A)最左上方儲存格　(B)第 1 列　(C)第 1 欄　(D)整個表格。

日期	時間	活動
06/06	10：00	旅行分享講座
06/07	14：00	生涯規劃講座

(　) 2. 在 Microsoft Word 中，若出現部分文字及圖片的上半部被裁掉無法顯示的情形(如下圖)，最有可能是因段落文字的行高設定為下列何者所造成？　(A)單行間距　(B)固定行高　(C)最小行高　(D)多行。

夢想飛翔！

(　) 3. 在 Microsoft Word 中，按下哪一組快速鍵，可以選取文件的所有內容？　(A)Ctrl+A　(B)Ctrl+Z　(C)Ctrl+Y　(D)Ctrl+V。

(　) 4. 下列何種語言可讓設計人員自訂標籤，自訂設計結構化的資料？　(A)HTML　(B)DHTML　(C)ASP　(D)XML。

(　) 5. 下列何者不是常用的網頁格式？　(A)HTML　(B)XML　(C)AVI　(D)ASP。

(　) 6. 下列哪一種檔案格式常內嵌在網頁中，用來顯示圖片、聲音等動畫的效果？　(A)PowerPoint 文件(*.pptx)　(B)記事本文件(*.txt)　(C)Flash 動畫(*.swf)　(D)Adobe 可攜式文件(*.pdf)。

( )7. 對於網路上常見的串流影音檔案格式的敘述，何者有誤？ (A)可以一邊傳輸一邊播放 (B)網路新聞即是其應用實例 (C)播放完畢後，檔案不會留在電腦上，可防止盜版 (D)AVI 屬於串流影音檔案。

( )8. 下列何者不是常見的影音播放軟體？ (A)Windows Media Player (B)iTunes (C)Adobe Illustrator (D)Real Player。

( )9. 騙人布利用空島的音貝錄製各種鳥類的叫聲，準備帶回去藍海與人分享。請問下列何者不會是音貝錄製時所使用的聲音檔案格式？ (A)WAV (B)MP3 (C)PNG (D)CDA。

( )10. 下列哪一個檔案格式可呈現圖形動畫效果？ (A)TIF (B)BMP (C)GIF (D)JPEG。

( )11. 下列關於數位影像的敘述，何者正確？ (A)放大或縮小點陣影像(Bitmap Image)時，不會造成影像失真 (B)向量式影像質感細緻，適合人像照及風景照 (C)影像每英吋所包含的像素數量越多，代表解析度越高 (D)列印影像圖檔時，印表機的解析度單位為每秒像素數(pixel per second)。

( )12. 在 RGB 模式中，將紅、綠、藍三色以色彩強度皆為 255 加以調色混合，試問所得的顏色為何？ (A)黑 (B)白 (C)黃 (D)灰。

( )13. 欲將一張 800×600 的照片存入剩餘空間 1MB 的隨身碟內，這張照片可使用的最佳色彩數是？ (A)24bits 全彩 (B)65536 色 (C)256 色 (D)8 色。

( )14. 妮可羅賓使用 Microsoft PowerPoint 來呈現她在人類考古學這方面所蒐集到的珍貴資料，在 PowerPoint 播放投影片時，若要切換到下一頁投影片，她無法使用下列哪一個快速按鍵？ (A)Enter 鍵 (B)N 鍵 (C)空白鍵 (D)F5 鍵。

( )15. 下列有關共享軟體(Shareware)的敘述，何者有誤？ (A)共享軟體仍擁有著作權 (B)試用時無須付費 (C)一般是用來推廣新軟體 (D)Microsoft Office 就是屬於共享軟體。

( )16. 喬巴新購了智慧型手機(Smart Phone)，下列何者非智慧型手機作業系統？ (A)Windows Phone (B)iOS (C)Adobe Reader (D) Android 。

(　)17. 魯夫一行人自從馬林福特頂點之役戰敗之後，分別散落在不同的島嶼修練，這群人之間都是藉由 Web Mail 來連繫。請問 E-Mail 是屬於 OSI 網路通訊架構中的哪一層？ (A)傳輸層 (B)網路層 (C)應用層 (D)資料連結層。

(　)18. 下列 OSI 架構中哪一層不屬於 TCP/IP 網路四層架構中的應用層？ (A)傳輸層 (B)表達層 (C)會議層 (D)應用層。

(　)19. 海俠吉貝爾想要架設一個 WWW 伺服器，用來做爲魚人空手道場的網站，讓選手們可以交流空手道學習心得，試問他應使用哪一種作業系統較爲合適？ (A)Windows 10，因爲是多人單工作業系統 (B)MS-DOS，因爲是單人單工作業系統 (C)Linux，因爲是多人多工作業系統 (D)UNIX，因爲是單人多工作業系統。

(　)20. 某一網站標示創用 CC(Creative Commons)圖示如下圖，其符號意義除代表「姓名標示」之外，還代表下列何者？ (A)非商業性 (B)相同方式分享 (C)禁止改作 (D)允許改作。

(　)21. 在 Microsoft Excel 中，若要將儲存格內的資料強迫換列，可按住下列哪一組按鍵？ (A)Ctrl+Enter (B)Shift+Enter (C)Alt+Enter (D)Tab+Enter。

(　)22. 在 Excel 中，假設 A1、A2、A3、A4、A5 分別存有數值資料 5、4、3、2、1，則下列關於各函數的敘述何者有誤？
(A)SUM(A2:A4)結果等於 A2+A3+A4
(B)AVERAGE(A2:A4)結果等於 SUM(A2+A4)/2
(C)RANK(A1,$A$1:$A$5)結果等於 1
(D)COUNT(A2:A4)結果等於 3。

(　)23. 魯夫想以電子郵件和喬巴互相討論並傳送老師所給的有關航海冒險的作業報告，他知道可以利用 Web Mail 與 Outlook Express 來傳送及接收郵件。以上這二種處理 E-Mail 工具的比較，何者有誤？ (A)Web Mail 使用 IMAP 協定 (B)Outlook Express 送信的通訊協定是 SMTP (C)Web Mail 可以離線瀏覽、編輯信件 (D)二者皆可以傳送影像和聲音。

(　)24. 騙人布在電腦中開啟了 IE 瀏覽器，以下有哪一項工作是無法單純透過 IE 來執行的？　(A)連上台鐵網站查詢火車時刻　(B)在支援 Web Mail 的郵件伺服器上閱讀、發送電子郵件　(C)連線到 FTP 主機下載檔案　(D)下載並解壓縮 ZIP 格式的共享軟體。

(　)25. 喬巴想要到網路上的維基百科網站查詢有關大秘寶「One Piece」的相關資訊，他應該使用下列哪一項工具，才能順利瀏覽網頁上的文字和圖片內容？　(A)Skype　(B)Adobe Acrobat　(C)Google Chrome　(D)CuteFTP。

單元 11

資訊與網路安全

單元名稱	單元內容	106	107	108	109	考題數	總考題數
資訊與網路安全	網路安全	2	0	3	1	6	11
	SET	0	0	0	0	0	
	SSL/TLS	1	1	2	0	4	
	防火牆(Firewall)	0	0	0	1	1	

1. 資訊安全

主要包含防毒與防駭、良好的密碼、檔案資料的保護、設立防火牆、網路身分認證、資料備份、傳送資料加密等。

2. 網路安全的基本要求

(1) 機密性(Confidentiality)：確保資訊的機密，防止機密資訊洩漏給未經授權的使用者，可利用加密技術達成。

(2) 完整性(Integrity)：確保資訊的完整，防止資料內容被未經授權者所篡改或偽造，可利用數位簽章技術檢驗。

(3) 可用性(Availability)：確保資訊系統正常的運作，提供有效且正確的資料給合法使用者。

(4) 認證性(Authentication)：確認資料訊息的來源，以及資料傳送者身分的驗證，可利用數位簽章技術達成。

(5) 不可否認性(Non-Repudiation)：驗證使用者確實已使用過某項資源，或訊息傳送方無法否認傳送過該訊息，可由數位簽章技術達成。

(6) 存取權控制(Access Control)：控制使用權限的範圍，避免未授權者擅自使用資源。

3. 網路安全的威脅

(1) 系統漏洞，層出不窮。

(2) 電腦病毒，變種快速。

(3) 惡意軟體及木馬程式氾濫。

(4) 垃圾郵件及色情網站充斥。

(5) 網路詐騙手法，不斷翻新。

4. 網路安全守則

(1) 不下載非法的檔案、音樂、影片、圖片。

(2) 不任意開啟來路不明的電子郵件或下載不安全的軟體。

(3) 不使用 P2P 軟體下載檔案。

(4) 安裝並隨時更新防毒與防駭工具軟體。

(5) 遵守網路分級制度，不進入不法網站。

(6) 不要在網路上公佈自己或別人的重要資料。

(7) 不複製、張貼或轉載網路上他人的文章、圖片及影音檔案。

(8) 不在網路上發表不實或惡意攻擊他人的言論。

(9) 上網購物時需確認網站是否通過安全認證。

(10)如疑似遇到網路詐騙，撥打 165 反詐騙專線，報警處理。

5. 防火牆(Firewall)

是用來加強兩個網路間存取控制的安全機制，如過濾並攔阻可疑的資料封包，亦可管制資料封包的流向，加強內部網路安全。它可以是專屬的硬體設備，也可以是軟體或程式。

防火牆常見的問題：

(1) 大量的資料流通都須透過防火牆檢查，會使得網路效率降低。

(2) 無法阻絕來自內部的可能攻擊。

(3) 通常防火牆無法完全阻絕外來病毒的攻擊。

6. 入侵偵測系統(Intrusion Detection System, IDS)

用來偵測可能危及電腦和網路安全的攻擊，例如：檢查電子郵件。常用的偵測方式為：

(1) 特徵偵測：蒐集曾發生過的攻擊所具有的共同特徵，但是難以偵測到新的攻擊。

(2) 異常偵測：定義正常的運作方式，發現異常時提出警告，缺點是可能發生誤判。

7. 虛擬私有網路(Virtual Private Network, VPN)

大型企業可在各地據點或分公司之間利用密碼學技術(例如：加密及數位簽章)建立一個安全的網路通道，確保流通資訊的安全。

8. 資料加解密的技術

(1) 金鑰(Key)：加解密時均需要使用金鑰，金鑰是一個由一連串 0 與 1 所組成的位元字串，其長度決定安全性強度，長度愈長，解密難度愈高。

(2) 秘密金鑰密碼術：屬於「對稱密碼術」，傳送端以秘密金鑰加密，接收方以相同秘密金鑰解密。

(3) 公開金鑰密碼術：屬於「非對稱密碼術」，每人均有公開金鑰及私人金鑰，公開金鑰是大家都知道，私人金鑰只有自己知道，二者之間具有相關性，但是無法從其中一個計算出另外一個。常見的應用有數位簽章及秘密通訊。

9. 數位簽章

(1) 傳送端以其「私人金鑰」產生簽章，連同由 CA(憑證管理中心)所發予的憑證(包含持有人的公開金鑰)一起送出，接收方則使用所收到的「傳送端的公開金鑰」來驗證簽章是否正確。

(2) 可確定資料是由傳送端發出，如同在一份文件上蓋章一樣，且能確保文件的完整性，亦即未曾受到任何的篡改，例如：網路報稅。

10. 秘密通訊

(1) 傳送端以「接收方的公開金鑰」加密，接收方以其「私人金鑰」才能解密。

(2) 可確保只有收件人才能解密及閱讀。

11. CA(憑證管理中心)

一個具公信力的第三者，對個人及機關團體提供認證及憑證簽發管理等服務，例如：內政部憑證管理中心(MOICA)。

12. 數位憑證(Digital Certificate)

(1) 憑證內包含持有人的資料及持有人的公開金鑰。

(2) 應用：自然人憑證(自然人憑證 IC 卡、網路身分證)可以向內政部憑證管理中心提出申請，政府機關可依此憑證確認存取網際網路的使用者身分，提供個人化的網路服務，例如：網路報稅、電子公路監理站報繳規費等。

13. 安全認證協定

安全機制	SSL 安全介面層協定	TLS 傳輸層安全協議	SET 電子商務安全交易
用途	應用於瀏覽器，以公鑰辨識身份		線上交易付款過程時確認身分及保護資料
憑證申請	賣方需要、買方不需要		買賣雙方皆需要
安全性	較低		較高
方便性	易		難
應用	網路資料傳輸(瀏覽器上的URL會有「https」)、線上刷卡		線上刷卡
提出者	Netscape公司	IETF組織	VISA、Master等信用卡公司

( ) 1. 下列哪一個不是正確的「網路安全守則」？ (A)不下載非法的影片、圖片 (B)盡量少使用社群網站 (C)不要在網路上公佈自己或別人的重要資料 (D)上網購物時需確認網站是否通過安全認證。

( ) 2. 騙人布上網購物時，發現購物網站的網址列出現了「https」，跟一般的 http 不同，嚇的騙人布以為是詐騙網站。請問「https」多了「s」指的是？ (A)SSL (B)SET (C)SMTP (D)SSD。

( ) 3. 香吉士以「線上刷卡」的方式在網路上購買數位相機，這是採用哪一項安全交易機制？ (A)SET (B)SHA (C)PAP (D)HTTP。

( ) 4. 有關網路安全機制，下列敘述何者較不適當？ (A)SET 包含交易雙方身分確認及傳輸資料的保護 (B)SSL 普遍運用於瀏覽器中 (C)HTTPS 是 Web 上加密傳輸協定 (D)防火牆可以完全阻絕外來病毒攻擊，保護網路資料的安全。

( ) 5. 企業常用防火牆來保護內部網路的安全，下列有關防火牆的敘述，何者正確？ (A)可以提昇瀏覽網頁的效率 (B)所具備的功能由軟體來完成，與硬體無關 (C)可以封鎖特定的 IP 位址傳送的封包 (D)可免於遭受來自內部及外部的攻擊。

( ) 6. 娜美這一年來很努力的工作，終於賺到了一億貝里，沒想到竟然收到世界政府的繳稅通知。娜美使用網路報稅時，為了確認這是自己所傳送的資料時，應採用下列何種技術較為合適？ (A)對稱加密技術 (B)秘密通訊 (C)無線傳輸 (D)數位簽章。

( ) 7. 世界政府延攬了七個海賊，成為王下七武海，並給了每個人「數位憑證」，請問有關數位憑證的敘述，下列何者有誤？ (A)憑證內只有持有人的基本資料 (B)可用來產生數位簽章 (C)由憑證管理中心所發放 (D)憑證內包含持有人的公開金鑰。

( ) 8. 魯夫傳了一份只有艾斯才可以閱讀的私人文件，艾斯在收到文件時需要使用下列哪一項來解密？ (A)艾斯的公開金鑰 (B)艾斯的私人金鑰 (C)魯夫的公開金鑰 (D)魯夫的私人金鑰。

(　) 9. 下列哪一項不是用來增加網路安全的措施？　(A)設定入侵偵測系統　(B)使用 P2P 軟體　(C)建立虛擬私有網路　(D)設定防火牆的防護。

1	B	2	A	3	A	4	D	5	C	6	D	7	A	8	B	9	B

2. (C)SMTP：郵件伺服器上的發信協定。
   (D)SSD：固態硬碟。
5. (A)提昇瀏覽網頁效率的是 Proxy Server。
   (B)所具備的功能與軟體、硬體皆有關。
   (D)無法阻絕來自內部的可能攻擊。
6. (D)數位簽章：可確定資料是由傳送端發出。

單元 12

常用軟體的分類

單元名稱	單元內容	106	107	108	109	考題數	總考題數
常用軟體的分類	軟體分類	3	0	0	1	4	11
	常用應用軟體	0	2	4	1	7	

1. 軟體分類

(1) 系統軟體：負責維護與管理硬體，維持電腦系統正常運作，使電腦發揮最大效能的軟體。

- 作業系統(OS)：硬體和應用軟體間溝通的橋樑，如 Windows。
- 語言處理程式：將開發的程式翻譯成可執行的檔案，如 Visual Basic。
- 公用服務程式：開發軟體過程的輔助工具程式，如磁碟重組。

(2) 應用軟體：針對各種問題及工作所開發的軟體。

- 套裝軟體：依照一般需求設計，功能齊全且價格較便宜，但較無彈性，如 MS Office。
- 自行設計軟體：針對特定用途設計，解決個別化的問題，但價格較貴，如會計資訊系統。

2. 常用應用軟體的分類

辦公室類	① 文書處理：Word、Writer、Pages、Wordpad、記事本 ② 試算表：Excel、Calc、Numbers ③ 簡報：PowerPoint、Impress、Keynote ④ 資料庫管理：Access、OpenOffice Base、Oracle、MS SQL Server、MySQL ⑤ 辦公室文件：MS Office、OpenOffice.org、Apple iWork、Google Docs ⑥ PDF 閱讀：Adobe Reader ⑦ 電腦輔助設計(CAD)：AutoCAD
多媒體類	① 影像處理：小畫家、PhotoImpact、PhotoShop、PhotoCap、GIMP、Aperture ② 繪圖：CorelDraw、Illustrator、Easy PaintTool SAI、Painter ③ 動畫製作：Flash、3ds Max、MAYA、Ulead GIF Animator ④ 影音剪輯：VideoStudio(會聲會影)、PowerDirector(威力導演)、Windows Live Movie Maker、MediaStudio、iMove、Premiere Pro 製作程式、Director、OpenShot ⑤ 影音播放：Windows Media Player、Winamp、RealPlayer、PowerDVD、iTunes、KMPlayer、QuickTime Player、RealOne Player ⑥ 影片特效：Adobe After Effects、Apple Motion
網際網路類	① 網頁瀏覽：Microsoft Edge、Internet Explorer(IE)、Firefox、Google Chrome、Safari、Opera ② 網頁設計及網站管理：Dreamweaver、Expression Web ③ 檔案傳輸：Cute-ftp、FileZilla、Foxy、eMule、E-Donkey、Bittorrent、PPStream ④ 電子郵件：Outlook、Outlook Express、Open WebMail、Mail2000 ⑤ 即時通訊：Skype、Line、WhatsApp、WeChat、Facebook Messenger
系統工具	① 防毒：PC-cillin、Avira(小紅傘)、Kaspersky(卡巴斯基)、Norton AntiVirus (賽門鐵克)、Avast!、NOD32、F-secure ② 壓縮：WinZip、WinRAR、7-Zip ③ 燒錄：Nero Burning ROM、CDBurnerXP ④ 系統備份：Norton Ghost、Acronis True Image

( ) 1. 下列軟體 ❶Linux ❷Word ❸IE ❹UNIX ❺iOS ❻PhotoImpact ❼Windows ❽鐵路訂票系統 ❾選課系統，屬於系統軟體的有多少個？ (A)2 (B)4 (C)7 (D)10。

( ) 2. Windows 作業系統提供的「記事本」是屬於哪一方面的應用軟體？ (A)多媒體 (B)影像處理 (C)文書處理 (D)即時通訊。

( ) 3. 下列有關應用軟體的敘述何者正確？ (A)PhotoImpact 是音樂編輯軟體 (B)Flash 是動畫製作軟體 (C)Windows Media Player 是繪圖軟體 (D)Windows Live Movie Maker 是即時通訊軟體。

( ) 4. 下列哪一套應用軟體不是試算表軟體？ (A)Keynote (B)Excel (C)Numbers (D) Calc。

( ) 5. 下列哪一個應用程式具有網頁製作及網站管理的功能？ (A)PhotoImpact (B)Outlook (C)Dreamweaver (D)7-Zip。

( ) 6. 領航員娜美的夢想是繪畫全世界的航海地圖，除了手繪外，他也利用電腦中的應用軟體來繪圖以及影像處理，試問下列何者不是娜美會使用到的應用軟體？ (A)CorelDraw (B)PhotoImpact (C)PhotoShop (D)Flash。

( ) 7. 下列有關工具應用軟體的敘述何者不正確？ (A)Norton AntiVirus 是系統備份工具 (B)WinRAR 是壓縮軟體 (C)PC-cillin 是防毒軟體 (D)Nero 是燒錄軟體。

( ) 8. 下列有關網際網路應用軟體的敘述何者正確？ (A)FileZilla 是電子郵件軟體 (B)Skype 是網頁瀏覽軟體 (C)Cute-ftp 是檔案傳輸軟體 (D)Dreamweaver 是即時通軟體。

( ) 9. 海盜獵人索隆想成為世界第一的大劍客，他常常上網與網友交流劍術及討論世界名刀，試問下列何者不是索隆可以用來瀏覽網頁的軟體？ (A)Safari (B)Windows Media Player (C)FireFox (D)Chrome。

( ) 10. 下列何者不是即時通訊軟體？ (A)Facebook Messenger (B)Line (C)RealPlayer (D)Skype。

1	B	2	C	3	B	4	A	5	C	6	D	7	A	8	C	9	B	10	C

3. (A)PhotoImpact：繪圖及影像處理影軟體
(C)Windows Media Player：影音播放軟體
(D)Windows LiveMovie Maker：影音剪輯軟體。
6. (D)Flash：動畫軟體。
7. (A)Norton AntiVirus：防毒軟體。
8. (A)FileZilla：檔案傳輸軟體
(B)Skype：即時通訊軟體
(D)Dreamweaver：網頁設計及網站管理軟體。

單元 13

周邊設備

單元名稱	單元內容	106	107	108	109	考題數	總考題數
周邊設備	常見的周邊設備	0	0	0	2	2	10
	數據機	0	0	0	1	1	
	印表機	1	0	0	0	1	
	掃描器、UPS	0	0	0	0	0	
	螢幕、螢幕解析度	1	1	3	1	6	

1. 常見的周邊設備

類　別	功　能	實　例
輸入設備	將外部資料讀進電腦	鍵盤、滑鼠、搖桿、麥克風、DVD-ROM、BD-ROM、數位板、觸控板、掃描器、條碼閱讀機、語音辨識系統、手寫輸入系統、OCR(光學字體閱讀機)、OMR(光學劃記符號辨識)、MICR(磁性墨水閱讀機)、讀卡機、Webcam
輸出設備	將電腦內部資料寫出(顯示或儲存)	螢幕、印表機、喇叭、繪圖機
輸入兼輸出設備	兼具輸入及輸出設備的特性	觸控式螢幕、數據機、磁碟機、光碟燒錄機、記憶卡、多功能事務機、耳麥

2. 媒體⇔設備⇔電腦

(1) 媒體：存放資料的介質，如商品上所貼的條碼是輸入媒體。

(2) 設備：連接於電腦的機器裝置，如條碼閱讀機是輸入設備。

3. 數據機(MODEM)

(1) 將電腦的數位訊號與電話線的類比訊號互相轉換，具調變及解調變的功能。傳輸速率以 bps(每秒傳送的位元數)為單位。

(2) 目前常用的數據機：

類型	ADSL 數據機	Cable 數據機
用途	寬頻網路	寬頻網路
傳輸媒介	雙絞線 (電話網路)	同軸電纜 (有線電視網路)
傳輸速率	下載＞上傳，離機房越遠速率越慢	同一條線路使用者越多速率越慢

4. 印表機

(1) 傳統印表機：

類型	點矩陣印表機	噴墨印表機	雷射印表機
列印方式	撞擊式	非撞擊式	非撞擊式
使用耗材	色帶	墨水匣	碳粉
主要用途	列印多聯式複寫紙張	一般個人電腦使用者	列印數量大、高品質要求的資料
列印速度	每秒列印字數 (CPS)	每分鐘列印張數 (PPM)	每分鐘列印張數 (PPM)
列印品質	雷射＞噴墨＞點矩陣。以每吋可列印點數(DPI)為單位，值越大則解析度越高，列印品質也越好		

(2) 3D 印表機：印表機接收到電腦所建構的數位三維模型檔案後，解讀逐層的截面，再用液體狀、粉狀或片狀的塑料或金屬材料逐層列印，可列印出 3D 立體形狀的物品。

5. 掃描器

利用感光元件將圖片掃描成數位影像，品質以 DPI(每吋的點數)為單位。

6. 不斷電系統(UPS)

功能類似蓄電池，可在電力中斷時繼續提供電力，防止因電源突然中斷來不及儲存資料。

7. 數位相機(DC)

(1) 具備類比轉數位(ADC)的功能，利用感光元件將光信號轉換成電信號，將影像紀錄在記憶卡上，以 pixel(像素或畫素)為單位。

(2) 記憶卡採用 Flash ROM 記憶體，電源關閉後相片不會消失，可以重複使用。

8. 螢幕

(1) 又稱顯示器，經由顯示卡與主機連接。

(2) 螢幕尺寸指的是對角線的長度。通常可由亮度、反應時間、對比值等項目來評估螢幕的好壞。

(3) 目前常見的顯示器種類：LED(背光顯示器)、OLED(有機發光二極體顯示器，可自發光、更省電、面板可彎曲)、LCD(液晶顯示器)、CRT(陰極射線管)。

9. 螢幕的介面

(1) MHL(行動高畫質連結技術)連接埠：使用 micro-USB 將行動裝置的影音訊號連接至電視播放，同時可替連接的裝置充電。

(2) 常見的螢幕連接埠：

類型	D-Sub	DVI	HDMI	Displayport	Thunderbolt
接頭					Thunderbolt 1&2 Thunderbolt 3(Type-C)
訊號	類比	數位	數位	數位	數位
傳輸內容	視訊	視訊	視訊+音訊	視訊+音訊	視訊+音訊
可連接設備	1	1	1	多	多

10. 觸控螢幕

輸出兼輸入的周邊設備，可以用手指和觸控筆等來替代如鍵盤、滑鼠、數位板等傳統的輸入裝置。

11. 螢幕解析度

(1) 常用的解析度有 1024×768、1280×1024、1920×1080 等，需由軟體設定，無法由 BIOS 設定。

(2) 同一個螢幕設定的解析度越高，可以顯示的項目及佔用的系統資源也會越多。

計算：不同的螢幕解析度所佔用空間的計算

例 1：一個 1280×1024 像素的全彩影像，所佔的記憶空間大約為多少 MB？ (A)0.5 (B)3.8 (C)2.6 (D)5.4。 ANS：(B)

解：全彩是每點佔 24bits=3Bytes。

一張影像的記憶體空間=總點數×每點所佔的空間

=1280×1024×24 bits=1280×1024×(24/8) Bytes

=3.75 MBytes ∴需 3.8MB 的記憶體空間

例 2：若一片裝有 3 MBytes 螢幕記憶體的顯示卡，被調成全彩 (24 bits/pixel)，則該顯示卡能支援的最高解析度為下列哪一項？ (A)640×480 (B)800×600 (C)1024×768 (D)1280×1024。 ANS：(C)

解：全彩：每一個點佔 24bits(即 3Bytes)。

3MBytes=解析度×3Bytes

解析度=3MBytes/3Bytes

$=(3\times2^{10}\times2^{10})/3=1024\times1024=1048576$ 點

(A)640×480=307200 點 (B)800×600=480000 點

(C)1024×768=786432 點 (D)1280×1024=1310720 點

( ) 1. 騙人布從他的百寶袋中掏出了好多種在電腦方面所會使用到的道具，例如：光碟、印表機、喇叭、鍵盤、耳機、滑鼠、掃描器、多功能事務機、隨身碟。他問魯夫說：「魯夫，你能告訴我，這裡究竟有幾種是可以用來把資料輸入給電腦來處理的呢？」 (A)10 (B)8 (C)6 (D)3。

( ) 2. 下列何者為常見的輸出設備？ (A)掃描器 (B)印表機 (C)滑鼠 (D)鍵盤。

( ) 3. 使用健保卡至醫院掛號，醫院使用讀卡機讀取健保卡上的資料，則健保卡在此方面之資料處理作業中係屬於？ (A)輸入媒體 (B)輸入設備 (C)輸出媒體 (D)輸出設備。

( ) 4. 下列的敘述何者有誤？ (A)HDMI 可用來連接螢幕 (B)USB 是不斷電系統 (C)DVI 能夠直接傳送數位訊號 (D)螢幕解析度無法直接由 BIOS 設定。

( ) 5. 有關數據機的敘述，下列哪一項是錯誤的？ (A)ADSL 數據機使用雙絞線為傳輸媒介 (B)Cable 數據機適用於寬頻網路 (C)使用 ADSL 數據機上網下載或上傳圖片的速率一定都會相同 (D)數據機的功能是做數位訊號與類比訊號的轉換。

( ) 6. 學校要列印所有同學的成績單，因為數量龐大，使用哪一種印表機比較合適？ (A)點矩陣印表機 (B)噴墨印表機 (C)雷射印表機 (D) 3D 印表機。

( ) 7. 下列何種單位與印表機的列印品質和列印速度無關？ (A)BPS (B)DPI (C)PPM (D)CPS。

( ) 8. 下列何種設備不能兼具輸入和輸出的功能？ (A)DVD-RW (B)BD-ROM (C)MODEM (D)Flash ROM。

( ) 9.娜美想和喬巴到埃及去探訪古代的金字塔文明，為了留下美好的回憶，娜美拉著喬巴到風車村去選購一部最新的數位相機。喬巴開玩笑的問了娜美：「以下四點有關數位相機的說明，有哪一項是錯誤的？」 (A)以 DPI 為解析度單位 (B)以 Flash ROM 為記憶材質 (C)像素愈高相片愈細緻 (D)相機電源關閉後相片不會消失。

( )10.瀏覽網頁時若建議使用解析度為 1024×768 來顯示全彩(24 bits/pixel)，則螢幕顯示卡的記憶體至少需要多少才能支援？ (A)1MB (B)2MB (C)3MB (D)4MB。

( )11.下列哪一個不是螢幕連接埠的圖示？ (A) (B) 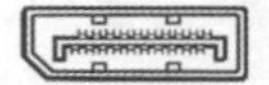 (C) 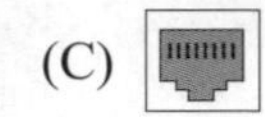 (D) 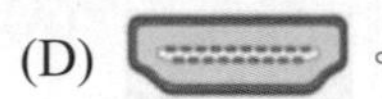。

1	C	2	B	3	A	4	B	5	C	6	C	7	A	8	B	9	A	10	C
11	C																		

1. 具備輸入功能的有：光碟、鍵盤、滑鼠、掃描器、多功能事務機、隨身碟 6 種。
7. BPS(Bits Per Second)：資料傳輸速度。
9. 數位相機是以像素(Pixel)為解析度單位。
10. 1024×768×(24/8) = 1024×768×3 Bytes = 2.25 MB。
11. 為 RJ-45 接孔圖示。

單元 14

網際網路位址表示法

單元名稱	單元內容	106	107	108	109	考題數	總考題數
網際網路位址表示法	IP 位址表示法	1	2	3	2	8	9
	網域名稱	0	0	0	0	0	

1. IP 位址

連接上網際網路的電腦都有唯一的 IP 位址，在連線期間不可與其它電腦的 IP 重覆，用來辨識網際網路上封包的來源或傳遞的位址。

2. IP 位址的組成

(1) 目前所使用的 IP 為第四版，一般稱為 IPv4。

(2) 一個 IP 位址是由 4 組數字組成，每一組數字用 8 位元表示，共可表示 2^8=256 個數值，每組數字範圍 0～255。例如：140.120.1.6，而 140.265.1.6 則為不正確的 IP 位址。

3. IP 的等級

為了使 IP 位址能有效運用，管理機構將 IP 位址由大到小區分為「A,B,C,D,E」5 個等級(Class)。

等級	開頭的數字	使用範圍	每組網域的 IP 數量
Class A	0xxxxxxx	1.x.x.x~126.x.x.x	$2^8 \times 2^8 \times 2^8 = 2^{24}$
Class B	10xxxxxx	128.n.x.x~191.n.x.x	$2^8 \times 2^8 = 2^{16}$
Class C	110xxxxx	192.n.n.x~223.n.n.x	$2^8 = 256$
Class D	1110xxxx	224.- ～239.-	
Class E	1111xxxx	240.- ～255.-	

註：① n 表示使用單位不可更改；x 代表使用單位可以自行運用(即 0～255)。
② A、B、C 三個等級都有一部分的位址移作私人 IP 的用途。

4. 私人 IP 位址

(1) 提供給區域網路使用的虛擬 IP 位址，這些 IP 位址無法真正在 Internet 上使用。

(2) 不同的區域網路可使用相同的私人 IP 位址，可達到節省 IP 位址的目的。

等級	範　　圍
Class A	10.0.0.0~10.255.255.255
Class B	172.16.0.0~172.31.255.255
Class C	192.168.0.0~192.168.255.255

5. 動態 IP 位址

指同一電腦每次重新連上網路時，被分配到的 IP 位址可能不一樣。

6. 網路卡實體位址

(1) 每一片網路卡都有獨一無二的識別號碼，稱為 MAC Address(網路卡實體位址)。

(2) 由 6 組數字組成，每組數字佔 1Byte，數字範圍 00～FF(通常以 16 進位表示)。每兩個數字中間由"："或"-"間隔，如：6A-5C-25-B7-C5-7E。

7. 特別網域

(1) 127.0.0.0：主要用來作為網路檢測之用，其中 127.0.0.1 代表本機回應的位址。藉由 ping 127.0.0.1 指令來確定自己電腦的 TCP/IP 環境設定是否正常。

(2) 網域位址：將 IP 位址中所有可自行運用的主機位元皆設為"0"，用來表示 IP 位址所指的整個網域。如：140.112.0.0 代表了包含如：140.112.8.116、140.112.6.5 等所有的 140.112.x.x 這整個網路。

(3) 廣播位址：將 IP 位址中所有可自行運用的主機位元皆設為"1"，可將封包傳送給所屬網域中的所有設備。如：目的 IP 位址為 140.112.255.255 時，140.112.x.x 整個網路內的所有設備都會接收到相同的封包。

8. 子網路遮罩(subnet mask)

用來分辨兩個 IP 位址是否屬於同一子網路環境，若屬於同一子網路的封包可直接傳送，效率較佳；如果不是則交給路由器(Router)傳送，效率較差。

等級	子網路遮罩
Class A	255.0.0.0
Class B	255.255.0.0
Class C	255.255.255.0

9. IP 位址種類整理表

等級	真實 IP	私人 IP	子網路遮罩
Class A	1.x.x.x~126.x.x.x	10.0.0.0~10.255.255.255	255.0.0.0
Class B	128.n.x.x~191.n.x.x	172.16.0.0~172.31.255.255	255.255.0.0
Class C	192.n.n.x~223.n.n.x	192.168.0.0~192.168.255.255	255.255.255.0
註：127.0.0.1 代表本機回應的位址。			

10. IPv4 與 IPv6

(1) 上述的 IP 表示法為 IPv4 標準，目前已不敷使用。

(2) IPv6 以 128 位元表示 IP 位址，一個 IPv6 位址由 8 組數字組成，每一組數字用 2 Bytes(16 位元)表示，以冒號":"隔開，每組以 4 位元 16 進制方式表示，每組數字範圍為 0000～FFFF。例如：2001:0db8:85a3:08d3:1319:8a2e:0370:7344。

(3) IPv6 足以讓更多物件分配到 IP 位址，形成物聯網(IoT, Internet of Things)。

11. 網域名稱(Domain Name)

(1) 網域名稱伺服器(DNS)：轉換 IP 位址及網域名稱的主機。

(2) 一個 IP 位址可以對應多個網域名稱，而一個網域名稱只能對應唯一的 IP 位址。

(3) 網域名稱採樹狀結構管理，由數個屬性碼中間以「.」隔開所組成。最末碼通常代表地域名稱，如：tw(台灣)、jp(日本)等。

屬性碼	意　義	英文意義
com	商業機構	commercial
edu	教育機構	education
gov	政府機構	government
mil	軍事機構	Military
net	網路機構	network
org	財團法人等非官方機構	organization
idv	個人	individual

(4) 台灣網路資訊中心(TWNIC)為台灣地區網域名稱的管理單位，負責 IP 位址的分配與管理工作及中、英文網域名稱的申請服務。

(5) ICANN(網際網路名稱與數字地址分配機構)：美國加利福尼亞的非營利社團，負責管理域名稱和 IP 位址的分配。已開放中文網域名稱申請，例如「www.總統府.台灣」的網址。

12. Internet 工具程式

工具程式	說　　明
Telnet	讓使用者由從本地端電腦機器登錄到遠端的主機，在遠端主機上執行軟體。
Ping	偵測 TCP/IP 網路上某主機的連線狀況(某一 IP 是否正常工作)。
Ipconfig	Windows 作業系統用來顯示目前網路連線的設定，如 IP 位址，也可用來釋放取得的 IP 位址或重新獲取 IP 位址的分配。

(　) 1. 香吉士花重金請騙人布架設了一個購物網站，想要將他的獨門美味蟹堡透過網路行銷到全世界。魯夫要在瀏覽器 IE 中輸入下列哪一個 IP 位址，才有可能正確看到這個介紹蟹堡的網頁？　(A)140.128.3　(B)140.12.1.6.3　(C)258.24.38.166　(D)168.95.7.21。

(　) 2. 下列有關 IP 位址的敘述，何者正確？　(A)不同的裝置可以同時使用相同的 IP 位址連接到網際網路　(B)動態 IP 位址可以由使用者自定　(C)IP 位址的子網路遮罩必須為 8 個位元　(D)一個網域名稱(domain name)只會對應到一個 IP 位址，反之則不一定。

(　) 3. 何者是屬於 Class C 網路的 IP？　(A)120.80.40.20　(B)128.92.1.50　(C)192.83.166.5　(D)258.128.33.24。

(　) 4. 哪一個位址只能在內部流通，無法在 Internet 存取？　(A)192.168.1.1　(B)100.100.100.100　(C)203.70.5.10　(D)192.168.256.5。

(　) 5. 下列哪一個 IP 位址代表本機回應的位址？　(A)1.1.1.1　(B)127.0.0.1　(C)255.255.255.0　(D)255.255.255.255。

(　) 6. 妮可老師說風車村中的所有電腦都已經規劃在相同的子網域中，這樣要傳作業或成績就可以比較快速。索隆所用的電腦 IP 位址是 168.95.192.1，那麼風車村的子網路遮罩(subnet mask)應該如何設定才行？　(A)127.0.0.1　(B)168.95.255.255　(C)1.1.1.1　(D)255.255.0.0。

(　) 7. IPv4 位址總長度是多少位元(bit)？　(A)32　(B)64　(C)128　(D)256。

(　) 8. 下列有關網路卡實體位址的敘述，何者有誤？　(A)是獨一無二的一組號碼　(B)英文名稱為 MAC address　(C)每一片網路卡都有　(D)由 4 組數字組成。

(　) 9. 有關網域名稱的敘述，何者錯誤？　(A)轉換 IP 位址及網域名稱的是網域名稱伺服器(DNS)　(B)www.yodo.idv 可以設定對應到 211.78.218.68 和 211.78.218.70 兩個 IP 位址　(C)網域名稱採用樹狀結構管理，edu 為教育機構　(D)TWNIC 為台灣網域名稱管理單位。

(　)10. 在 Windows 中，下列哪一個不是 Internet 的工具指令？　(A)ipconfig　(B)ping　(C)Vlog　(D)telnet。

1	D	2	D	3	C	4	A	5	B	6	D	7	A	8	D	9	B	10	C

2. (A)連接在網際網路上的IP 位址不可以重覆
(C)IP 位址的子網路遮罩為 32 個位元。

10. (C)Vlog：影音部落格，可提供個人影音日誌上傳分享。

單元 15

For-Next

單元名稱	單元內容	106	107	108	109	考題數	總考題數
For-Next	For-Next	2	1	3	2	8	8

1. For-Next

```
For  控制變數 = 初值 To 終值 Step 增量
     敘述區段
Next 控制變數
```

說明：由初值開始，每執行一次加一次增量，直到超過終值時跳出迴圈，若增量為 1 時，Step 可以省略。通常用來執行可知次數的迴圈。

例 1：

```
For I=1 To 4
  Debug.Write(I & " ")
Next I
```

執行結果：輸出 1　2　3　4，迴圈結束後 I 值為 5

例 2：

```
For I=9 To 2 Step -2
  Debug.Write(I & " ")
Next I
```

執行結果：輸出 9　7　5　3，迴圈結束後 I 值為 1

2. 累加問題

例：計算 1 到 10 的奇數和。

```
S=0
For I=1 To 10 Step 2
   S=S+I
Next I
MsgBox("1+2+…+10=" & S)
```

執行結果：

```
1+2+…+10=25
```

3. 巢狀 For-Next

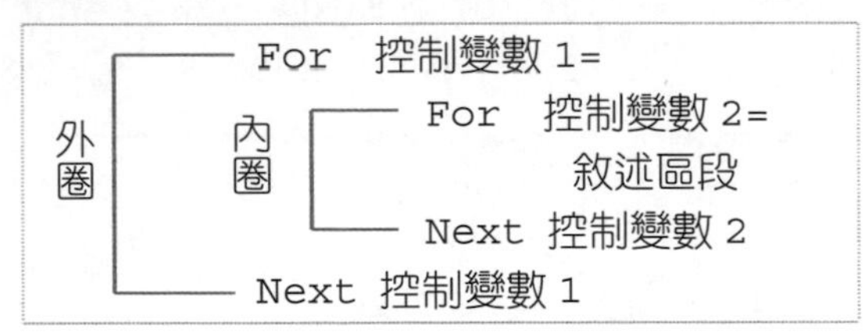

說明：

(1) 外圈和內圈的控制變數名稱不可相同，外圈和內圈不可相交。

(2) 由內外迴圈的控制變數來決定迴圈執行的次數。

例 1：

```
For i=1 To 2
  For j=2 To 4
   Debug.Write("*")
  Next j
  Debug.Write("#")
Next i
```

執行結果：

```
***#***#
```

例 2：

```
For i=1 To 10 Step 3
  For j=1 To 3
   Debug.Write("*")
  Next i
Next j
```

執行結果：

```
錯誤(因為內外圈相交)
```

( ) 1. 下列VB程式片段，變數x和s的執行結果為何？ (A)10 10 (B)11 10 (C)13 10 (D)13 16。

```
s = 0
For x = 1 To 11 Step 3
  s = s + x \ 2
Next x
```

( ) 2. 下列VB程式片段，變數P和K的執行結果為何？ (A)1 1 (B)2 4 (C)4 7 (D)5 28。

```
P = 1
For K = 1 to 6 Step 2
  P = P * K
  K = K + 1
Next K
```

( ) 3. 下列 VB 程式片段，變數 Sum 的執行結果為何？ (A)20 (B)43 (C)52 (D)127。

```
Sum=1
For I=1 TO 3
  J=3*I^2
  Sum=Sum+J
Next I
```

( ) 4. 下列VB程式片段，變數Sum的執行結果為何？ (A)5050 (B)2500 (C)2550 (D)5500。

```
Sum=0
For I = 0 to 100 Step 2
  Sum = Sum + I
Next I
```

(　) 5. 執行下列 VB 程式片段，結果會印出多少個航海王的英文名稱「One Piece」？ (A)100 (B)200 (C)500 (D)1000。

```
For k = 1 To 1000
  If k Mod 2 = 0 And k Mod 5 = 0 Then
    Debug.Print("One Piece")
  End If
Next k
```

(　) 6. 執行下列 VB 程式片段後，A(1)的值爲何？ (A)5 (B)8 (C)9 (D)13。

```
Dim A(6), K As Integer
A(6) = 1
A(5) = 2
For K = 6 To 2 Step -1
  A(K-2) = A(K) + A(K-1)
Next K
```

(　) 7. 執行下列 VB 程式片段，下列敘述何者不正確？ (A)k=k+1 一共被執行了 6 次 (B)Debug.Print 一共被執行 6 次 (C)最後的輸出結果是 6 (D)程式執行結束時 y=10。

```
k=0
For x = 5 To 10
  For y = x+2 To 10 Step 2
    k=k+1
  Next y
  Debug.Print(k)
Next x
```

(　) 8. 下列 VB 程式片段，變數 s 的執行結果為何？ (A)40 (B)46 (C)36 (D)44。

```
s=0
For m = 10 To 1 Step -3
  For n = 1 To m Step 2
    s=s+n
  Next n
Next m
```

(　) 9. 薇薇公主用 VB 寫下了一段程式，請跑得快交給阿拉巴斯坦王國的父王，請問其目的為何？ (A)計算 9!的值 (B)計算 99 的值 (C)列印九九乘法表 (D)無法得知。

```
For m = 2 To 9
  For n = 1 To 9
    Debug.Write(m & "*" & n & "=" & m*n)
  Next n
Next m
```

1	C	2	C	3	B	4	C	5	A	6	D	7	D	8	B	9	C

1. x\2 為整數除法，只取商數。

x	1	4	7	10	**13**
x\2	0	2	3	5	
s	0	2	5	**10**	

2.

K	1	4	**7**
P	1	**4**	

3.

I		1	2	3
J		3	12	27
Sum	1	4	16	**43**

4. 本題為求 0 到 100 的偶數和，(2+100)*100/2=2550。

5. k Mod 2 = 0 And k Mod 5=0 表示要能被 2 整除而且能被 5 整除，也就是 10 的倍數，所以 1 到 1000 中共有 100 個 10 的倍數。

6.

K	A(K-2) = A(K) + A(K-1)
6	A(4) = A(6) + A(5) = 3
5	A(3) = A(5) + A(4) = 5
4	A(2) = A(4) + A(3) = 8
3	A(1) = A(3) + A(2) = 13
2	A(0) = A(2) + A(1) = 21

7. 程式執行過程：

外圈 x	5			6		7		8	9	10
內圈 y	7	9	11	8	10	9	11	10	11	**12**
k=k+1	1	2		3	4	5		**6**		

8. 程式執行過程：

外圈 m	10					7				4		1
內圈 n	1	3	5	7	9	1	3	5	7	1	3	1
s=s+n	1	4	9	16	25	26	29	34	41	42	45	**46**

單元 16

If-Then-Else、Select-Case

單元名稱	單元內容	106	107	108	109	考題數	總考題數
If-Then-Else、Select-Case	If-Then-Else	1	1	0	2	4	8
	Select-Case	1	1	1	1	4	

1. If-Then

```
If 條件 Then 敘述
```

說明：若條件成立，則執行 Then 之後的敘述，否則繼續往下執行。

```
A=1:B=2
If A<B Then A=B
B=A+B
```

變數執行結果：A=2、B=4

2. If-Then-End If

```
If 條件 Then
    敘述區段
End If
```

說明：If 和 End If 必須成對使用，敘述區段中可以有多行敘述。

```
A=8：B=6：C=5
If A>B And B>C Then
  A=A-B
  B=B+C
End If
```

變數執行結果：A=2、B=11

3. If-Then-Else-End If

```
If 條件 Then
   敘述區段 A
Else
   敘述區段 B
End If
```

說明：若條件成立，執行 Then 之後的敘述；若條件不成立，則執行 Else 之後的敘述。

```
A=-10
If A>0 Then
  A=A
Else
  A=-A
End If
```

變數執行結果：A=10

4. 巢狀 If

```
If 條件 1 Then
     If 條件 2 Then
        敘述區段 A
     Else
        敘述區段 B
     End If
Else
     敘述區段 C
End If
```

說明：

(1) 當條件 1 不成立時，執行敘述區段 C。

(2) 當條件 1 成立而條件 2 不成立時，執行敘述區段 B。
(3) 當 2 個條件都成立時，執行敘述區段 A。

```
A=10:B=5:C=7
If A>B Then
   If B>C Then
      B=C+2
   Else
      B=C-3
   End If
Else
   A=B+C
End If
```

變數執行結果：A=10、B=4、C=7

5. Select-Case

```
Select Case 變數或運算式
   Case 條件式 1
          敘述區段 A
   Case 條件式 2
          敘述區段 B
          :
          :
   Case Else
          敘述區段
End Select
```

說明：

(1) 若有多個 Case 符合，則只執行第一個符合的 Case。
(2) 若所有 Case 均不符合時，則執行 Case Else 敘述。
(3) 條件式有資料值、區間值、關係運算式等三種表示法。

例如：

表示法	實　　例	說　　明
資料值	Case 2，4，6	符合 2 或 4 或 6 的值
區間值	Case 6 To 8	符合 6 到 8 之間的值
關係運算式	Case Is <=10	符合小於等於 10 的值

例：

```
S=InputBox("請輸入成績")
Select Case S
   Case Is<60
      MsgBox("加油")
   Case 60 To 99
      MsgBox("合格")
   Case 100
      MsgBox("優秀")
   Case Else
      MsgBox("錯誤")
End Select
```

執行結果：

```
請輸入成績：50
加油
請輸入成績：120
錯誤

請輸入成績：100
優秀
```

Line考題!

(　) 1. 執行右列 VB 程式片段，執行後變數 x 和 y 的值分別為何？　(A)3　9　(B)4　9　(C)3　16 (D)4　16。

```
x = 3: y = 5
If x > y Then x = y - 1
If x < y Then y = x ^ 2
```

(　) 2. 執行右列 VB 程式片段，則其輸出結果為何？　(A)S　(B)M　(C)L　(D)XL。

```
x = 30 \ 3 * 2 ^ 2
Select Case x
Case 0
  MsgBox("S")
Case 1
  MsgBox("M")
Case 2
  MsgBox("L")
Case Else
  MsgBox("XL")
End Select
```

(　) 3. 執行右列 VB 程式片段，執行後變數 x 和 y 的值分別為何？　(A)14　22　(B)6　22　(C)6　18 (D)14　18。

```
x = 6 : y = 8
If x < y Then
  y = y * 2
```

```
Else
  x = x + y
End If
y = x + y
```

(　) 4. 執行右列 VB 程式片段，其輸出結果為何？　(A)15 (B)16　(C)17　(D)18。

```
m = 8 : n = 6
If (m Mod 3 = 0) Then
  m = m + 2
ElseIf (n Mod 3 = 0) Then
  n = n + 1
Else
  m = m + n
  n = m * n
End If
MsgBox(m + n)
```

(　) 5. 以下是一個體重評估的 VB 程式片段，假設阿杰和小琳的身高和體重相同，都是 height=170，weight=55，但是阿杰是男生(sex="M")，而小琳是女生(sex="F")，則由下列程式評估結果分別爲何？　(A)阿杰和小琳都是"太瘦"　(B)阿杰和小琳都是"太胖"　(C)阿杰爲"適中"，小琳爲"太胖"　(D)阿杰爲"太瘦"，小琳爲"適中"。

```
If sex = "M" Then
  standard = (height - 80) * 0.7
Else
  standard = (height - 70) * 0.6
End If
Select Case weight - standard
  Case Is > 0
    MsgBox("太胖")
  Case Is < 0
    MsgBox("太瘦")
  Case Else
    MsgBox("適中")
End Select
```

( ) 6. 索隆到武器專賣店買刀劍，老闆說刀劍是會選主人的，要索隆輸入一組號碼，便可知道和哪一把刀劍有緣。如果索隆輸入「15」，請問他會選中下列哪一把刀劍？ (A)和道一文字 (B)三代鬼徹 (C)黑刀秋水 (D)雪走。

```
Dim i As Integer, s As String
i = InputBox("請輸入一組號碼：")
Select Case i
  Case Is >= 10
   s = "和道一文字"
  Case 10 To 30
   s = "三代鬼徹"
  Case 15, 20
   s = "黑刀秋水"
  Case Else
   s = "雪走"
End Select
```

1	A	2	C	3	B	4	A	5	A	6	A

1. 3 < 5 ∴y = x ^ 2 = 9。
2. x = 30 \ 3 * <u>2 ^ 2</u> = 30 \ <u>3 * 4</u> = 30 \ 12 = 2，程式會執行 Case 2。
3. 6 < 8 ∴y = y * 2 = 16 ； y = x + y = 6 + 16 = 22。
4. 6 Mod 3 = 0 ∴n = n + 1 = 7 ； m + n = 15。
5. 阿杰：standard = (170 - 80) * 0.7 = 63，55 – 63 = -8 < 0 ⇨ 太瘦
   小琳：standard = (170 - 70) * 0.6 = 60，55 – 60 = -5 < 0 ⇨ 太瘦。
6. 若符合多個 Case 條件，僅執行第一個符合的 Case。

單元 17

結構化程式、VB 的基本敘述

單元名稱	單元內容	106	107	108	109	考題數	總考題數
結構化程式、VB 的基本敘述	演算法與流程圖	2	0	2	3	7	8
	結構化程式	0	0	1	0	1	
	輸出入訊息方塊	0	0	0	0	0	
	VB 的控制項	0	0	0	0	0	

1. **程式設計的步驟**

分析→設計→撰寫→測試→維護。

2. **演算法(Algorithm)**

(1) 以文字敘述或圖形表示方式，表達解決問題先後順序和步驟。

(2) 有助於除錯(Debug)和維護。

(3) 有效控制程式撰寫時間，協助程式設計師與使用者的溝通。

(4) 演算法的特性：

- 輸入(Input)：資料輸入。
- 輸出(Output)：輸出結果。
- 明確(Definiteness)：步驟必須清楚明確。
- 有效(Effectiveness)：命令可以有效執行。
- 有限(Finiteness)：能夠在有限的步驟內完成。

3. 虛擬碼

(1) 描述演算法的一種方法，並非一種實際存在的程式語言。

(2) 可以協助將程式的意思表達出來，不必拘泥於具體的實作。

4. 流程圖(Flowchart)

用特定的圖形符號表達解決問題的程序，常用的流程圖符號如下：

符　　號	名稱及意義	使用範例
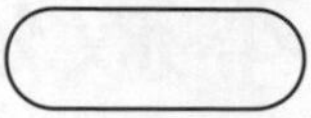	開始或結束符號	 開始　結束
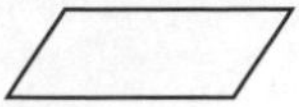	輸入或輸出符號	 讀取 A　印出 A
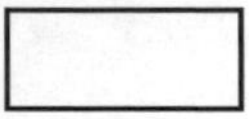	處理符號	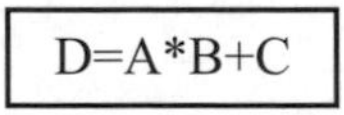 D=A*B+C
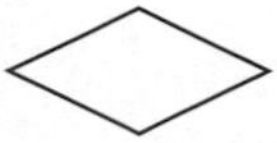	決策判斷符號	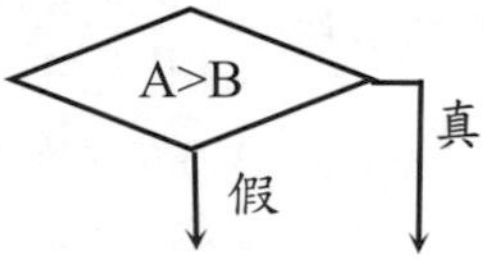 A>B　真　假
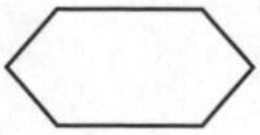	迴圈符號	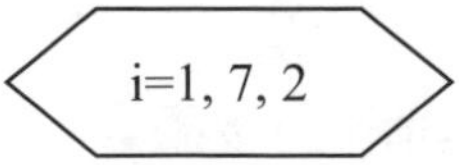 i=1, 7, 2
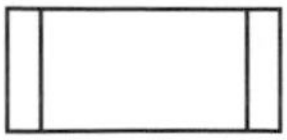	副程式	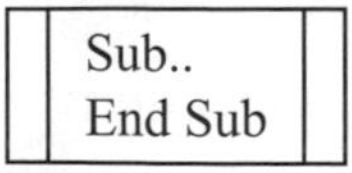 Sub.. End Sub
	流向符號	
	連接符號	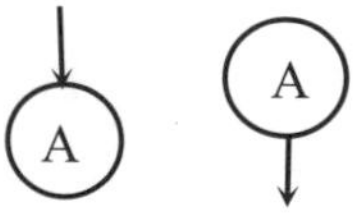 A　A

符　　號	名稱及意義	使用範例
(列印符號圖形)	列印符號	印報表

※迴圈符號中的「i=1,7,2」以程式碼表示如「For i=1 To 7 Step 2」。

5. 結構化程式

(1) 使用三種基本控制結構：循序(順序)、選擇(決策)、重複(迴圈)。

① 循序(順序)　　② 選擇(決策)

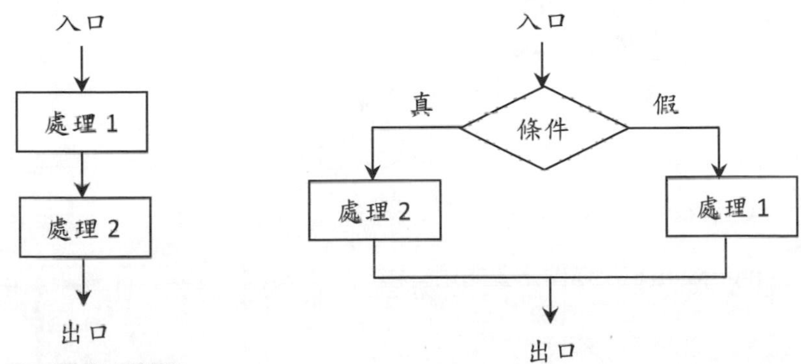

③ 重複(迴圈)

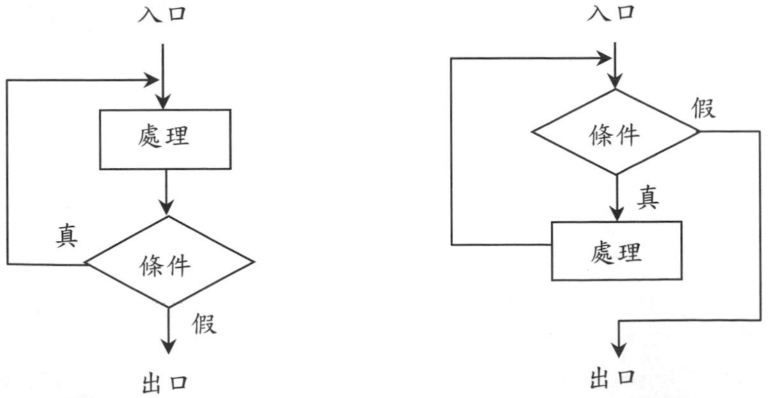

(2) 每種結構都是單入口／單出口，儘量少用 GoTo 敘述。

(3) 採用模組化程式設計，降低程式的複雜性，使程式易於維護。

6. VB 2010 Windows Form **應用程式的輸入與輸出**

(1) InputBox( )函數：用來輸入資料的對話方塊。

```
變數=InputBox(提示訊息,[標題],[預設值])
```

※ [ ]中的參數可省略。

例：A=InputBox("輸入成績","計算成績",0)

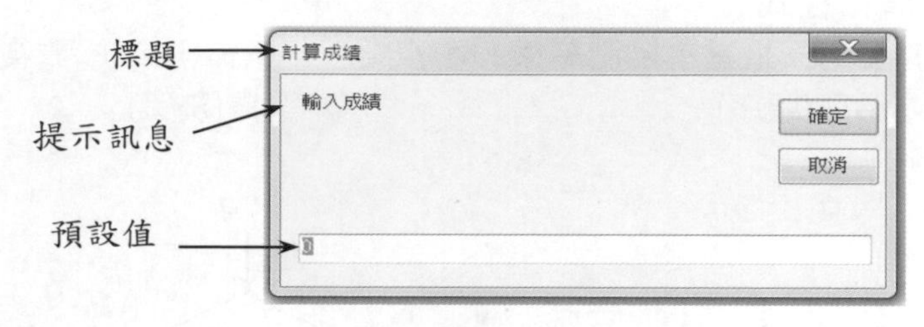

(2) MsgBox 敘述：用來顯示(輸出)訊息的對話方塊。

```
MsgBox("訊息")
```

例：MsgBox("你確定要結束本程式?")

7. VB 2010 **主控台應用程式的輸入與輸出**

(1) 輸入函數

- Console.Read( )：從鍵盤讀取一字元。
- Console.ReadLine( )：從鍵盤讀取一行字串。

(2) 輸出函數

- Console.Write( )：在螢幕顯示字串或變數值。
- Console.WriteLine( )：在螢幕顯示字串或變數值，並跳至下一行。

(3) 輸出多個變數值，例如：Consloe.Write("x={0};y={1}",x,y)，{0}為第 1 個變數值，{1}為第 2 個變數值。

8. VB 2010 的控制項

控制項			說　　明
Button	ab	命令鈕	執行程式碼命令
Label	A	標籤	顯示文字
TextBox	abl	文字方塊	可輸入資料，亦可顯示執行結果
RadioButton	◉	選項按鈕	可單選的選項按鈕
CheckBox	☑	核取方塊	可多選的核取方塊
GroupBox		框架	群組多個控制項
PictureBox		圖片	顯示圖片
Timer		計時器	每隔一段時間會自動執行 Timer 事件，時間長短由 Interval 控制，以千分之一秒為單位。

9. VB 2010 的事件

類別	事件	說　　明
滑鼠	Click DoubleClick	以滑鼠左鍵在物件上按一下會驅動 Click 事件，按兩下則會驅動 DoubleClick 事件
鍵盤	KeyPress	在物件上完成按下並放開鍵盤上的"可顯示鍵"(如 1、A、@…)時會驅動 KeyPress 事件
表單	Load Activated Paint	①表單被載入記憶體執行時會驅動 Load 事件 ②表單成為工作視窗時會驅動 Activated 事件 ③表單位置、大小改變等導致視窗需要重新繪製時會驅動 Paint 事件

10. VB 2010 檔案類型

(1) 方案與專案：VB 2010 中的一個方案裡可包含多個專案，例如要設計一個多媒體程式，裡面包含 mp3 播放器、DVD 播放器、音樂剪輯等功能，那這一整個多媒體程式就是一個方案，裡面每個功能都可視為專案。

(2) VB2010 主要的檔案類型：

檔案類型	說　　明
.sln	方案檔，可包含多個專案。
.vbproj	專案檔，可包含多個表單。
Form1.vb	表單檔，儲存各控制物件的事件程序。
.exe	執行檔，自動產生在「\bin\Debug」資料夾中。

(　) 1. 下列針對結構化程式設計的敘述何者不正確？ (A)每個結構都是單一入口和出口，追蹤程式碼更容易 (B)少用 GoTo 敘述，程式維護更容易 (C)程式模組化可能使得程式碼變短、可讀性更高 (D)模組化程式設計，使得不同的程式設計師更難以理解其複雜性。

(　) 2. 娜美為了拯救故鄉的村民，她使用下列四種方式來賺錢，請問其中哪一種方式不適合用結構化程式中的重複結構？ (A)輸入每個月的薪水和獎金來計算年所得 (B)登錄拍賣網站並販賣商品 (C)買十張電腦隨機選號彩券 (D)跟遊戲機玩猜拳直到贏得勝利獎金。

(　) 3. 魯夫來到了偉大的航道，如果魯夫要從海上眾多的小島中選擇一條可行的航道，此時應使用何種流程圖符號來表示？ (A)⬭ (B)▭ (C)◇ (D)⬡。

(　) 4. 如果要設計一個連續輸入整班成績的程式，此時應使用何種流程圖符號來表示？ (A)⬭ (B)▭ (C)◇ (D)⬡。

(　) 5. 阿杰想要利用 VB 2010 的 Windows Form 應用程式設計一個通關密碼的命令小程式，以下的程式片段中，空白處(1)(2)(3)依序應是填入以下那些指令？
(A)InputBox，MsgBox，MsgBox　(B)InputBox，InputBox，MsgBox
(C)MsgBox，InputBox，InputBox　(D)MsgBox，InputBox，MsgBox。

```
x = __(1)________("請輸入通關密碼")
If x = 530 Then
  _____ (2)_______ ("歡迎光臨!")
Else
  ______(3) _______ ("密碼錯誤!")
End If
```

(　) 6. 小賀想要利用 VB 2010 的主控台應用程式設計一個簡單的輸入輸出程式，以下的程式片段中，空白處(1)(2)(3)依序應填入那些指令？
(A)Console.Read，Console.ReadLine，Console.Write
(B)Console.Write，Console.ReadLine，Console.WriteLine
(C)Console.Write，Console.Write，Console.Read
(D)Console.ReadLine，Console.WriteLine，Console.ReadLine。

```
Sub Main()
  Dim N As String
  _____(1)______("請輸入姓名：")
  N = _____ (2)_______
  ______(3)_______("你的姓名是" & N)
End Sub
```

(　) 7. 在 VB 2010 程式設計中，下列何者不是由使用者操作產生的事件？
(A)KeyPress　(B)DoubleClick　(C)Click　(D)Timer。

(　) 8. 在 VB 2010 程式設計中，下列何者為程式執行中可供輸入資料的控制項？　(A)MsgBox　(B)Label　(C)TextBox　(D)PictureBox。

(　) 9. 下列何者不是 VB 2010 程式可能產生的檔案類型？　(A).sln
(B).vbproj　(C).exe　(D).frm。

1	D	2	B	3	C	4	D	5	A	6	B	7	D	8	C	9	D

6. 完整程式如下：

```
Sub Main()
    Dim N As String
    Console.Write("請輸入姓名：")
    N = Console.ReadLine()
    Console.WriteLine ("你的姓名是" & N)
End Sub
```

7. Timer：系統每隔一段特定的時間會自動執行 Timer 事件，非由使用者操作產生的事件。

9. .frm 是 VB 6.0 的表單檔，在 VB 2010 中的表單檔為 Form1.vb。

單元 18

輔助記憶體

單元名稱	單元內容	105	106	107	108	考題數	總考題數
輔助記憶體	磁碟機	2	1	2	2	7	8
	行動媒體	0	1	0	0	1	

1. 輔助記憶體

(1) 具有永久存放資料的特性，關閉電源後資料不會消失，用來儲存大量的程式和資料。

(2) 價格比主記憶體便宜，速度則比主記憶體慢。

(3) 目前常用的輔助記憶體是硬碟、光碟、隨身碟、記憶卡等。

2. 硬碟(HD)

(1) 由數片金屬磁片組成，金屬磁片中多個同心圓的磁軌組成磁柱。每個磁軌上被切割為許多磁區，多個連續磁區組成一個磁叢，又稱為基本配置單元，是存取硬碟資料最基本的單位。

(2) 儲存單位大小：磁碟＞磁柱＞磁軌＞磁叢＞磁區。

(3) 硬碟轉速：RPM(每分鐘旋轉的圈數)，轉速越高，效能越佳。

(4) 磁碟存取時間(Access Time)＝磁軌找尋時間(Seek Time)＋碟片平均旋轉時間(Rotation Time)＋資料傳輸時間(Transfer Time)。

3. 固態硬碟(Solid State Disk, SSD)

(1) 採用 Flash Memory 的儲存媒體，加上一顆控制晶片、並且使用傳統硬碟的 SATA 介面，模擬成硬碟機。

(2) 具有較低功耗、無噪音、抗震動、產生較低熱量的特點。

(3) 混合式硬碟(SSHD)：結合傳統硬碟(容量大)和固態硬碟(速度快)的優點。

4. 行動硬碟

外接式硬碟，採用 USB 或 eSATA 傳輸介面，可隨插即用，方便外出攜帶使用，容量不亞於傳統內接式硬碟。

5. 光碟容量

(1) CD 類型：常見的為 650MB～700MB。

(2) DVD 類型：常見的為 4.7GB(DVD-5，單面單層)、8.5GB(DVD-9，單面雙層)、17GB(DVD-18，雙面雙層)。

(3) BD 類型：常見的為 25GB(單面單層)、50GB(單面雙層)，BDXL 規格支援 100GB(三層)和 128GB(四層)。

6. 光碟機讀寫速度

光碟機上的標示註明讀寫速率的規格，以倍速表示。

(1) CD 類：單倍速指 150KBytes/s(即每秒 150KBytes)。

(2) DVD 類：單倍速指 1350KBytes/s。

(3) BD 類：單倍速指 4.5MBytes/s。

7. 隨身碟

(1) 採用 Flash Memory 材料，可讀可寫，電源關閉資料不會消失。

(2) 採用 USB 介面，具隨插即用、體積小、容量大、攜帶方便等特性。

8. 記憶卡

採用 Flash Memory 記憶體，可以重複讀出與寫入，電源關閉後資料依然能保存。

(　) 1. 紅髮傑克至電腦賣場買一部 6 倍速的 BD 光碟機，其中的 6 倍速指的是？　(A)尺寸　(B)讀取速度　(C)光碟容量　(D)光碟儲存密度。

(　) 2. 對於市面上的光碟機功能所做的說明，哪一項是不正確的？　(A)BD ROM 可以燒錄 BD 碟片　(B)DVD-ROM 只能讀取而不能寫入資料　(C)要備份硬碟中的資料可以購買 DVD-RW　(D)電影 BD 無法使用 DVD 來播放。

(　) 3. 隨身碟幾乎已經成為現代人使用電腦時不可或缺的工具，香吉士最喜歡用它來儲存與做菜有關的資料，並且隨身帶著到處去，真是既方便又有效率，而且比光碟更環保。下列關於隨身碟的敘述，何者有誤？　(A)隨插即用　(B)體積小　(C)採用 Flash Memory 為材料　(D)與滑鼠相同，都使用 PS/2 介面。

(　) 4. 16 倍速的 DVD 的讀取速度相當於幾倍速的 CD-ROM？　(A)32　(B)64　(C)128　(D)144。

(　) 5. 一種採用 Flash Memory 的儲存器，具有高搜尋效率、低功耗、低溫、抗震動、無噪音等優勢的是下列哪一種設備？　(A)磁片　(B)SATA 介面硬碟　(C)SSD 固態硬碟　(D)BD 光碟。

1	B	2	A	3	D	4	D	5	C

3. 隨身碟使用的是 USB 介面。
4. 1350KB×16/150KB=144。

單元 19

Do-Loop、While-End While

單元名稱	單元內容	106	107	108	109	考題數	總考題數
Do-Loop、While-End While	Do-Loop	2	2	1	1	6	7
	While-End While	0	0	1	0	1	

1. Do-Loop

(1) 前測式

```
Do While/Until 條件
   敘述區段
Loop
```

說明：測試條件置於迴圈前，While 是條件成立時執行迴圈內敘述，Until 則是條件成立時結束迴圈。

例 1：

```
I=1
Do While I<=3
  Debug.Write(I & " ")
  I=I+1
Loop
```

執行結果：輸出 1　2　3
　　　　　迴圈結束後 I 值為 4

例 2：

```
I=1
Do Until I>=3
  Debug.Write(I & " ")
  I=I+1
Loop
```

執行結果：輸出 1　2
　　　　　迴圈結束後 I 值為 3

(2) 後測式

```
Do
   敘述區段
Loop While/Until 條件
```

說明：測試條件置於迴圈後，迴圈內的敘述至少會被執行一次。

例 1：

```
I=1
Do
  Debug.Write(I & " ")
  I=I+1
Loop While I<1
```

執行結果：輸出 1
迴圈結束後 I 值為 2

例 2：

```
I=1
Do
  Debug.Write(I & " ")
  I=I+1
Loop Until I>=3
```

執行結果：輸出 1 2
迴圈結束後 I 值為 3

2. 累加問題

例：計算 1 到 10 的偶數和。

```
S=0 : i=2
Do While i<=10
   S=S+i
   i=i+2
Loop
MsgBox("2+4+…+10=" & S)
```

執行結果：

```
2+4+…+10=30
```

3. While-End While

```
While 條件
   敘述區段
End While
```

說明：條件成立時執行迴圈中的敘述，常用來執行未知次數的迴圈。

例：

```
A=5：B=1
While A>B
   A=A-1：B=B+1
End While
```

變數執行結果：A=3，B=3

(　) 1. 執行右列 VB 程式片段，變數 SUM 的運算結果主要目的為計算下列何值？
(A)10!
(B)9!
(C)1!+2!+3!+…9!
(D)1!+3!+5!+…9!。

```
I = 1 : F = 1
Do While (I < 10)
  For K=1 To I
    F=F*K
  Next K
  SUM=SUM+F
  I=I+2
Loop
```

(　) 2. 執行下列 VB 程式片段，變數 x、y、z 的結果分別為何？ (A)8　3　0 (B)9　4　-1　(C)8　3　-1　(D)9　4　0。

```
z = 5 : x = 3 : y = 8
While z > 0
  x = x + 1 : y = y - 1: z = z - 1
End While
```

(　) 3. 右列 VB 程式片段，其輸出結果將印出幾個*，最後 A 的值為何？ (A)4 個*，A 值為 10　(B)4 個*，A 值為 8　(C)5 個*，A 值為 8　(D)5 個*，A 值為 10。

```
A=0
Do
  A=A+2
  Debug.Write("*")
Loop While (A<10)
```

(　)4. 娜美平常除了畫航海圖之外，偶爾也畫畫流程圖，依據下列流程圖，變數 B 之印出值為多少？　(A)36　(B)12　(C)24　(D)0。

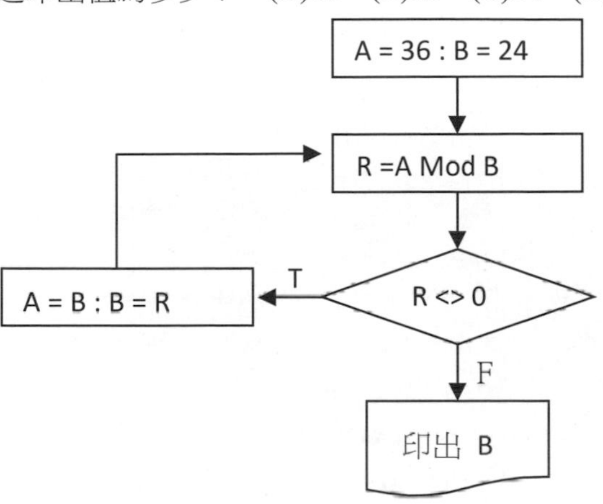

(　)5. 右列 VB 程式片段，執行後 Ans 之值為何？　(A)5　(B)12　(C)13　(D)23。

```
Ans = 1
i = 1
Do Until i >= 10
  If i Mod 3 = 0 Then
    Ans = Ans + i
  End If
  i = i + 2
Loop
```

(　)6. 右列 VB 程式片段，若執行後 p 之值為 27，則第 3 行程式中的空格之值應設為多少？　(A)3　(B)4　(C)5　(D)8。

```
i = 1 : p = 1
Do While i <= 3
  p = p *______
  i = i + 1
Loop
```

(　)7. 執行右列 VB 程式片段，若出現提示符號時輸入數值「-99」，則輸出結果為何？　(A)104　(B)106　(C)108　(D)110。

```
m = 3
n = InputBox("請輸入數值:")
Do While n < 0
  n = n + 5 * 2 ^ m
  m = m + 2
Loop
MsgBox(m + n)
```

(　) 8. 在 VB 中，若 Do While a<10 為迴圈的測試條件，下列哪一個條件判斷與此指令相同？　(A)Do While Not(a>10)　(B)Do Until a>10　(C)Do Until Not(a<10)　(D)Do Until a<=10。

(　) 9. 執行右列 VB 程式片段，變數 s 和 d 的結果為何？　(A)19　7　(B)10　7　(C)7　7　(D)7　8。

```
s = 1: d = 1
Do
   For k = 2 To d Step 2
     s = s + 3
   Next k
   d = d + 2
Loop Until d > 6
```

(　)10.右列 VB 程式片段，變數 sum 的執行結果為何？　(A)285　(B)315　(C)350　(D)480。

```
Dim x, y, z, sum As Integer
x = 2: y = 2: z = 2
Do While x <= 8
  Do Until y > 6
    While z <= 4
      z = z + 2
    End While
    y = y + 3
  Loop
  x = x + 4
Loop
sum = x * y * z
```

1	D	2	A	3	D	4	B	5	C	6	A	7	C	8	C	9	B	10	D

2. 各變數執行情形：

x	3	4	5	6	7	**8**
y	8	7	6	5	4	**3**
z	5	4	3	2	1	**0**

3. 各變數執行情形：

A	0	2	4	6	8	**10**
結果		*	*	*	*	*

4.各變數執行情形：

A	36	24
B	24	**12**
R	12	0

5. 各變數執行情形：

i	Ans=1
1	
3	1+3=4
5	
7	
9	4+9=**13**
11	

6.直接用代入法測試：

i	p
1	1*3=3
2	3*3=9
3	9*3=**27**
4	

7. 各變數執行情形：

n	-99	-59	**101**
m	3	5	**7**

9.各變數執行情形：

k		2	2	2	4
s	1		5	7	**10**
d	1	3	5		**7**

10.各變數執行情形：

x	2	6	**10**
y	2	5	**8**
z	2	4	**6**

sum = x * y * z =480

單元 20

Windows 7/8/10 操作

單元名稱	單元內容	106	107	108	109	考題數	總考題數
Windows 7/8/10 操作	檔案總管	0	1	2	1	4	7
	副檔名	0	0	0	0	0	
	電腦的狀態	0	0	0	1	1	
	桌面元件	0	0	0	0	0	
	桌面設定	1	0	0	0	1	
	控制台與系統工具	1	0	0	0	1	
	磁碟檔案系統	0	0	0	0	0	
	快速鍵	0	0	0	0	0	

1. 檔案總管

(1) 檔案結構為樹狀結構。

(2) 資料夾選項：可設定顯示副檔名、顯示所有檔案、顯示隱藏檔、顯示系統資料夾等。

(3) 在檔案上按右鍵，選取『內容』可設定如唯讀或隱藏的檔案屬性，顯示建立、修改及存取的日期。

(4) 檢視模式：

模式	說明	範例
圖示	由左而右顯示圖片及檔名	菊花.jpg 沙漠.jpg
清單	由上而下顯示圖示及檔名	菊花.jpg 沙漠.jpg
詳細資料	詳細列出檔名、大小、類型及修改日期等	名稱 修改日期 類型 大小 920301.gif 2011/1/4 上午... GIF 影像 6 KB 920301.tab 2011/1/4 上午... TAB 檔案 1 KB 920301.txt 2011/1/4 上午... 文字文件 3 KB
並排	以並排方式顯示圖示及檔名	920301.gif 920301.tab 920301.txt 920301M.doc
內容	顯示檔案的部份資訊，例如作者姓名、影片檔的時間長度等	野生生物.wmv 修改日期: 2009/7/14 下午 12:52 大小: 25.0 MB

(5) 檔案及資料夾命名規則

- Windows 支援長檔名及中文檔名，長度不可超過 255 字元。
- 不可包含「*」、「?」、「/」、「\」、「<」、「>」、「:」、「"」、「|」9 個字元。
- 在同一資料夾中的檔案或資料夾不可同名。

(6) 檔案或資料夾的選取

- 連續選取：按住 Shift 鍵不放，先選取第一個檔案或資料夾，再選取最後一個。
- 不連續選取：按住 Ctrl 鍵不放，一一選取檔案或資料夾。
- 全部選取：按 Ctrl+A 鍵或選取『編輯／全選』。

(7) 檔案與資料夾的處理：

名稱	快速鍵	說明
剪下	Ctrl+X	將選定的檔案拷貝至剪貼簿中，並將原檔案刪除
複製	Ctrl+C	將選定的檔案拷貝至剪貼簿中，並將原檔案保留
貼上	Ctrl+V	將剪貼簿的內容拷貝至所選取的資料夾或磁碟

- 同一磁碟：以滑鼠直接拖曳為移動；先按 Ctrl 鍵不放再拖曳則為複製。
- 不同磁碟：以滑鼠直接拖曳為複製；先按 Shift 鍵不放再拖曳則為移動。

(8) 檔案搜尋

- 在 Windows 中搜尋檔案或資料夾，可以在「搜尋欄」中輸入關鍵字來搜尋，可以設定檔案名稱、檔案類型、檔案大小、修改日期等搜尋條件。
- 搜尋的特殊符號：「*」代表萬用字元(多個字元)、「?」代表任一個字元、「OR」(或，用於搜尋多個關鍵字時)。

  範例：

  ???.*：主檔名長度為 3 個字元。

  *.jpg：所有副檔名為 jpg 的檔案。

  A*B.*：主檔名第一個字元為 A，最後字元為 B。

  ?A??.*：主檔名第二個字元為 A，且長度為 4 個字元。

  *.jpg OR *.gif：搜尋副檔名為.jpg 或.gif 的檔案。

(9) 絕對路徑與相對路徑：

- 絕對路徑：包含完整的路徑，包括磁碟機、資料夾、子資料夾和檔案名稱。
- 相對路徑：相對於現在目錄的路徑。
- 「.」代表目前的資料夾，「..」代表上一層資料夾。

類別	範　例	說　　明
絕對路徑	C:\images\pic\p01.jpg	C 磁碟\images\pic 資料夾中的 p01.jpg 檔案
相對路徑	pic\p01.jpg	目前資料夾中的 pic 資料夾內的 p01.jpg 檔案
	.\p01.jpg	目前資料夾中的 p01.jpg 檔案
	..\p01.jpg	上一層資料夾中的 p01.jpg 檔案

2. 常見副檔名

副檔名	說　　明
exe、com、bat	可執行的檔案 bat：批次檔，內含命令的文字檔
sys、dll、ini、vxd	Windows 的系統檔
ttf	字型檔，Windows TrueType 字型
txt、odt	文字檔
pdf	Adobe 文件檔案，常用於網路文件傳輸
doc、xls、ppt、mdb docx、xlsx、pptx、accdb	doc、docx：Word 文件檔 xls、xlsx：Excel 活頁簿檔 ppt、pptx：PowerPoint 簡報檔 mdb、accdb：Access 資料庫檔
bmp、tif、gif、jpg、png、wmf	圖形檔，其中 bmp 為小畫家預設的副檔名，wmf 為向量圖檔，gif、jpg、png 可用於網頁檔中
wav、wma、mid、mp3、au、cda、ra	聲音檔，wav 為錄音程式預設的副檔名，cda 是 CD 音樂檔，mid 是電子合成樂檔
avi、mpeg、mov、wmv、rm、ram、mp4、rmvb、asf、DivX、vob、3gp、3g2、mod	影片檔
htm、html、asp、aspx、php	網頁檔
zip、rar、7z	壓縮檔，使用非破壞性壓縮
swf	Flash 動畫播放檔，可在 IE 中直接播放

3. 電腦的狀態

(1) 開機：開機出現錯誤訊息 DISK BOOT FAILURE 或 Non-System disk or disk error 時，代表開機磁碟有問題以致不能開機。

(2) 睡眠：適用於短暫時間不用電腦時，將工作中的資料存放在主記憶體中，按滑鼠或任意鍵可回到原來的狀態。

(3) 休眠：適用於較長時間不用電腦時，將記憶體的資料存放到硬碟並關機，下次登入系統後可回到原來的狀態。

(4) Ctrl+Alt+Del 快速鍵：按 Ctrl+Alt+Del 快速鍵進入工作管理員中，可選擇結束沒有反應的程式，不必重新啟動電腦。

(5) 如需增刪帳戶或設定其他帳戶的相關資料，都需以最高權限帳戶－「電腦系統管理員(Administrator)」身份登入。

4. 桌面元件

(1) 電腦：

- 顯示電腦中磁碟設備。
- 選取某磁碟後按右鍵選取『內容』或直接選取『檔案／內容』，可得知磁碟的容量大小及使用狀況。

(2) 資源回收筒：

- 用來存放硬碟被刪除的資料。
- 在尚未清理資源回收筒前，可以還原。
- 按 Shift 鍵不放再刪除檔案，檔案不會被放入資源回收筒中而會直接刪除。
- 刪除外接式設備(如隨身碟)或網路(如雲端硬碟)中的檔案，不會放入資源回收筒。
- 資源回收筒的容量大小可設定加以改變。

(3) 捷徑：代表一個指向應用程式的檔案，左下角有箭頭符號，如 Google Chrome，刪除捷徑並不會刪除其所代表的程式檔案。

(4) 視窗控制鈕：最小化鈕、／最大化／往下還原鈕、關閉鈕。

5. 顯示器設定

設定方法為開啟控制台中的「外觀及個人化」視窗，或在桌面空白處按滑鼠右鍵，選取顯示器相關的設定標籤。

標籤	說明
桌面背景	①可以使用圖片檔案或 HTML 文件。 ②圖案顯示有「填滿」、「全螢幕」、「延展」、「並排」及「置中」五種。

標籤	說　　明
螢幕保護裝置	①可設定「螢幕保護程式」。 ②可設定「密碼保護」。
螢幕解析度	①解析度可設定的大小與顯示卡有關。 ②解析度越高，螢幕顯示區域越大，但桌面圖示較小。

6. 控制台與系統工具

(1) 控制台：常用的功能有安裝輸入法、設定語系、安裝字型、安裝印表機、設定網路組態、設定顯示器、新增及移除程式、新增硬體等。

(2) 裝置管理員：若某裝置之前出現以下符號，表示有些問題：

- ↓：該裝置設定為停止使用。
- !：該裝置與其他裝置發生衝突。
- ?：無法辨識該裝置。

(3) 系統工具

- 磁碟重組程式：將電腦中的檔案及可用空間進行重組整理，提升系統存取檔案的效率。
- 磁碟清理：搜尋電腦中可安全刪除的檔案，釋放硬碟空間。
- 磁碟檢查：用來檢查磁碟的邏輯與實體錯誤，並修復受損的邏輯錯誤。通常在不當關機後再開機即自動做磁碟檢查。
- 磁碟分割：將一個磁碟分割成數個不同的磁碟區，用來存放不同的資料以方便管理。
- 系統還原：將電腦還原到先前時間點(還原點)的設定值及效能，以取消對電腦有傷害的變更。
- 系統備份：選取『開始／所有程式／維護／備份與還原』，可以進行系統的備份與還原，例如：檔案及資料夾、磁碟映像。建立系統磁碟映像可以還原成之前備份的各類設定，讓電腦恢復正常的狀態。

7. 磁碟檔案系統

種類	特　　性
FAT32	支援長檔名、每個檔案最大容量為 4GB
NTFS	支援長檔名、可設定不同使用者的使用權限、安全性佳

種類	特　　性
exFAT	又名 FAT64，支援長檔名、適用於如隨身碟等使用快閃記憶體裝置的檔案系統

(1) 檔案配置表(FAT，File Allocation Table)記錄檔案在磁碟中所有資訊。
(2) 在磁碟圖示上按右鍵，選取『內容』可檢視該磁碟的檔案系統。
(3) 在 NTFS 系統中可辨識 FAT32 系統中的檔案，但在 FAT32 系統中無法辨識 NTFS 系統中的檔案。
(4) Win 7/8/10 只能安裝在 NTFS 格式的磁碟。

8. 快速鍵

快速鍵	說　　明
Ctrl+Esc	展開「開始」功能表
Alt+Tab	切換開啟中的應用軟體
Alt+F4	關閉視窗
PrintScreen	複製整個螢幕畫面
Alt+PrintScreen	複製作用中的視窗畫面
Ctrl+Space	切換中英文輸入模式
Ctrl+Shift	切換中文輸入法
Shift+Space	切換半形及全形

(　) 1. 魯夫一行人經過重重波折後，終於到達阿拉巴斯坦，娜美沿途用數位相機拍攝許多照片，試問娜美使用 Windows 檔案總管中的哪一種檢視模式，可以看到照片的拍攝日期？　(A)並排　(B)清單　(C)詳細資料　(D)圖示。

(　) 2. 有關 Windows 的檔案及資料夾命名規則，下列敘述何者正確？　(A)不同磁碟中檔案不可以和資料夾使用相同的名稱　(B)檔名中可以同時使用中英文　(C)「超人<60>天特攻本」是正確的檔名　(D)在 C 磁碟的不同資料夾中不可以存在相同的檔名。

(　) 3. 在 Windows 的某資料夾內有 50 個檔案，若要選取其中不連續的 45 個檔案時，以下哪一種是比較快速的方法？　(A)直接按 Ctrl+A 鍵即可　(B)按住 Shift 鍵以滑鼠選取　(C)按住 Ctrl 鍵以滑鼠一一點選　(D)按 Ctrl+A 鍵後再按住 Ctrl 鍵以滑鼠點選不需要的檔案。

(　) 4. 在 Windows 作業系統中，哪一組按鍵的用法有誤？　(A)Ctrl+X：剪下　(B)Ctrl+A：復原　(C)Ctrl+C：複製　(D)Ctrl+V：貼上。

(　) 5. 娜美的電腦中存有各式各樣航海檔案，下列有關副檔名的敘述，何者有誤？　(A)docx 是 Word 文件檔　(B)gif 是圖形檔　(C)mp3 及 mp4 屬於影片檔　(D)zip 是壓縮檔。

(　) 6. 以何種方式刪除的檔案還可以從資源回收筒中被救回？　(A)按 Delete 鍵直接刪除硬碟中的檔案　(B)按 Shift 鍵不放再刪除　(C)刪除隨身碟中的圖片　(D)刪除網路中的檔案。

(　) 7. 在 Windows 作業系統中，有關顯示器設定的敘述何者較不適當？　(A)螢幕保護程式可改變影像在螢幕上顯示的位置　(B)可以將自己最愛的網頁設定成桌面圖案　(C)越好的螢幕可設定的解析度越大　(D)可以改變視窗外觀的顏色。

(　) 8. 新安裝的網路卡無法正常運作，在 Windows 的裝置管理員中發現了「!」的符號，表示？　(A)停止使用　(B)無法辨識　(C)與其他裝置發生衝突　(D)裝置已損壞。

(　) 9. 在 Windows 作業系統中，記錄檔案在磁碟中所有資訊之檔案配置表的簡稱為何？　(A)FAT　(B)FDDI　(C)FSB　(D)FTP。

(　)10. Windows 作業系統可以將磁碟機內的資料重新排列，把同一檔案的資料放置在連續的儲存空間上，以減少搜尋資料的時間，請問這是屬於哪一種的磁碟維護？　(A)磁碟掃描　(B)磁碟重組　(C)磁碟清理　(D)磁碟備份。

( )11.娜美使用 Windows 10 的電腦處理公司業務，中午短暫休息一下喝杯咖啡，此時娜美可讓電腦進入下列何種狀態以節省電源，等回來時按一下滑鼠即可繼續原來的工作？ (A)關機 (B)睡眠 (C)休眠 (D)登出。

( )12.喬巴的 PC 想要安裝 Windows 10 作業系統，請問喬巴必須選擇下列何種磁碟檔案系統？ (A)NTFS (B)FAT32 (C)exFAT (D)Ext2。

1	C	2	B	3	D	4	B	5	C	6	A	7	C	8	C	9	A	10	B
11	B	12	A																

2. (A)不同磁碟中檔案和資料夾可以使用相同的名稱。
   (C)檔案和資料夾命名時不可包含「*」、「?」、「/」、「\」、「<」、「>」、「:」、「"」、「|」9 個字元。
   (D)同一磁碟中，在不同的資料夾內可以存在相同的檔名。
4. (B)Ctrl+A：全選。
5. (C)MP3：聲音檔，MP4：影片檔。
7. (C)解析度的設定值與顯示卡有關，和螢幕的品質沒有絕對的關連。
9. (B)FDDI(Fiber Distributed Data Interface)：光纖分散式數據介面。
   (C)FSB(Front Side Bus)：前置匯流排。
   (D)FTP(File Transfer Protocol)：檔案傳輸。

計算機概論統一入學測驗模擬試題（二）

單元 11～20

班級：______　　姓名：__________　　座號：_____　　得分

本試卷共 25 題，每題 4 分，共 100 分

(　) 1. 在 VB 中，若 Do While a<15 為迴圈的測試條件，下列哪一個條件判斷與此指令相同？　(A)Do Until a>15　(B)Do Until a<=15　(C)Do Until Not(a<15)　(D)Do While Not(a>15)。

(　) 2. 右列 VB 程式執行結果會出現多少個"*"？　(A)8　(B)11　(C)12　(D)13。

```
a = 3: b = 3
Do While a > 0
  b = b + 1
  a = a - 1
  For i = 1 To a
    For j = 1 To b
      Debug.Write("*")
    Next j
  Next i
Loop
```

(　) 3. 依據右列流程圖，輸出結果為何？　(A)0　4　(B)1　3　(C)0　3　(D)1　4。

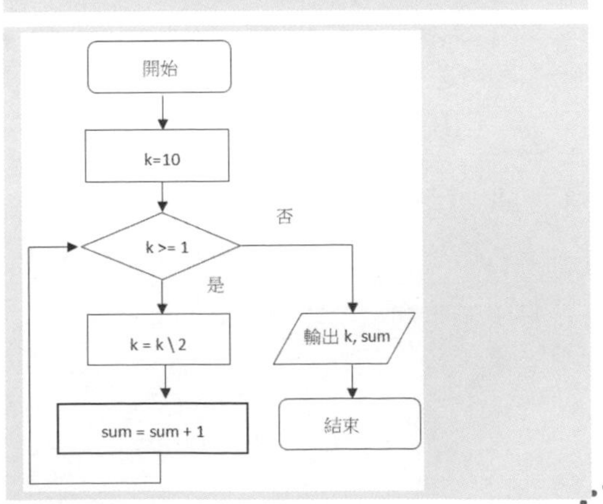

(　　) 4. 右列 VB 程式片段執行結果 s 之值為何？ (A)14 (B)15 (C)16 (D)17。

```
s=0
For k = 1 To 10 Step 2
  s = s + 3
Next k
Select Case s
  Case 1 To 10
    s = s + 1
  Case 11 To 20
    s = s + 2
  Case Else
    s = s + 3
End Select
```

(　　) 5. 下列關於結構化程式的敘述，何者有誤？ (A)採用模組化設計，程式易維護 (B)結構具有單入口及單出口的特性 (C)Goto 的跳躍指令有助於程式撰寫的便利性，應多多使用 (D)演算法及流程圖常用來表達解決問題的程序。

(　　) 6. 下列敘述，何者有誤？ (A)Real Player 可讓你的電腦支援網路線上廣播，或網路即時影音新聞的撥放 (B)Microsoft Media Player 可以撥放 CD 音樂或許多常見的數位音樂檔案 (C)QuickTime 是一種計時程式，可用於上網計時計費 (D)Flash Player 外掛於 IE，可使網頁支援動畫撥放。

(　　) 7. 執行下列 VB 程式片段，其執行結果「x+y+s」之值爲何？ (A)19 (B)21 (C)22 (D)23。

```
For x = 1 To 5 Step 2
  For y = 1 To x
    s = s + 1
  Next y
Next x
```

(　　) 8. 已知某 IP 位址爲「198.168.100.100」，試問是屬於 IPv4 中的哪一等級的 IP 位址？ (A)Class D (B)Class C (C)Class B (D)Class A。

( ) 9. 使用 Visual Basic 程式語言執行下列程式碼後，變數 T 值的結果為何？
(A)-5 (B)-4 (C)5 (D)6。

```
T = 10
For A = 1 To 100 Step 8
  If A Mod 3 = 0 Then
    T = T + 1
  Else
    T = T - 1
  End If
Next A
```

( )10. 下列哪一個伺服器的用途是將網址名稱轉換為 IP 位址？ (A)FTP Server (B)DNS Server (C)Print Server (D)Proxy Server。

( )11. 使用網路報稅快速又簡便，紅髮傑克要如何透過公開鑰匙密碼術(Public Key Cryptography)來產生數位簽章，證明所有資料都是由自己所發出的呢？ (A)使用自己的公開鑰匙 (B)使用自己的私人鑰匙 (C)使用國稅局的公開鑰匙 (D)使用國稅局的私人鑰匙。

( )12. 下列關於數位簽章的敘述，何者有誤？ (A)屬於非對稱密碼術的一種 (B)可確定資料是由傳送端發出，並確保文件的完整性 (C)傳送端以其「公開鑰匙」產生簽章 (D)接收方使用傳送端的「公開鑰匙」來驗證簽章是否正確。

( )13. 有關遨遊網際網路的敘述下列何者正確？ (A)只要瀏覽不下載，電腦就不可能中毒 (B)只要網路上大家分享供人下載的就是合法使用 (C)網路寬廣雖無遠弗屆，但從事非法交易或張貼非法文字、圖片，仍會觸及法律 (D)只要確認網路交易有 SSL 機制就可以安全無虞的線上交易。

( )14. 下列關於一個新硬碟使用流程的四個步驟：❶安裝 OS 到開機分割區 ❷格式化每個分割區 ❸分割成數個分割區 ❹安裝應用軟體，依序應為何？ (A)❸❷❶❹ (B)❷❶❸❹ (C)❸❶❷❹ (D)❶❸❷❹。

( )15. 喬巴買了一部標示為 2880dpi 的印表機，其中的 2880dpi 指的是？ (A)列印速度 (B)印表機的型號 (C)價格 (D)列印解析度。

( )16. 下列的各種周邊設備：麥克風、數據機、DVD-RW、掃瞄器、印表機、喇叭、磁碟機，兼具輸入與輸出功能的有多少種？ (A)0 (B)3 (C)4 (D)7。

( )17. 下列何者不是常見的螢幕連接埠？ (A)D-Sub (B)DVI (C)HDMI (D)SATA。

( )18. 世界政府利用數位相機將所有海賊的容貌照相存檔，並製作成懸賞海報。要將數位相機中的照片檔案傳送到電腦中，通常會使用哪一種連接埠與電腦主機連接？ (A)PS/2 (B)DVI (C)USB (D)RJ-45。

( )19. 白鬍子老爹為救艾斯，大戰王下七武海，小丑巴奇利用網路直播，為使電腦播放畫面能夠更流暢，添購了一個高速顯示卡，請問這顯示卡應安裝在下列何種介面？ (A)SATA (B)USB (C)PCI-E (D)HDMI。

( )20. 使用下列哪一種方式可以備份主機中 50GB 的資料？ (A)1 片單面單層的 BD 光碟片 (B)5 片單面雙層的 DVD 光碟片 (C)2 片雙面雙層的 DVD 光碟片 (D)80 片 CD 光碟片。

( )21. 關於固態硬碟(SSD)和傳統硬碟的比較，下列敘述何者錯誤？ (A)固態硬碟的速度比傳統硬碟更快 (B)固態硬碟和傳統硬碟一樣使用 SATA 介面 (C)固態硬碟的體積比傳統硬碟更小 (D)固態硬碟的容量比傳統硬碟更大。

( )22. 依據經濟部所訂定的「遊戲軟體分級管理辦法」中，「保護級」的遊戲軟體必須幾歲以上的兒童及少年才可以使用？ (A)6 歲 (B)12 歲 (C)15 歲 (D)18 歲。

( )23. 下列關於 Windows 作業系統中「捷徑」的敘述，何者有誤？ (A)捷徑代表一個指向應用程式的路徑 (B)刪除捷徑並不會刪除其所代表的程式檔案 (C)每個程式檔案可以有一個以上的捷徑 (D)捷徑圖示的位置必須放在桌面上，不能放在資料夾中。

( )24. 下列哪一個流程圖符號適用於「If-Then-Else」語法中的「條件判斷」？ (A) (B) (C) (D) 。

( )25. 在 Windows 檔案總管中，若要選取不相鄰的檔案，可按住下列哪一個按鍵不放，再一一點選儲存格？ (A)空白鍵 (B)Shift 鍵 (C)Alt 鍵 (D)Ctrl 鍵。

單元 21

運算式、變數

單元名稱	單元內容	106	107	108	109	考題數	總考題數
運算式、變數	運算式	1	2	1	1	5	7
	變數	0	1	0	1	2	

1. 算術與串連運算

優先順序	運算符號	功　能	範　例	結　果
1	^ (指數)	次方值	3^2	9
2	- (負數)	負數值	-(10)	-10
3	* (乘)	相乘	4*5	20
	/ (除)	相除	10/3	3.333…
4	\ (整除)	相除取商之整數	10\3	3
		小數先四捨六入	27.5\5.5	4
5	Mod(餘數)	相除取餘數	20 Mod 3	2
		可用浮點數相除	20.6 Mod 3.2	1.4
6	+ (加)	相加	1+2	3
	- (減)	相減	22-10	12
7	&	字串串連	"a" & "b"	"ab"

(1) \(整除)運算時若有小數，先化為整數後再運算(四捨六入取整數值，若小數為 5，則整數部分為偶數時捨去，整數部分為奇數時加 1)。
例：7.5\4.5=8\4=2。

(2) "+"除了一般加法，也可做為字串的連結。
例："中華"+"民國"="中華民國"。

(3) "&"串連運算子可用於不同資料型態的連結。
例："今天是" & #2020/12/25# ="今天是 2020/12/25"。

2. 比較(關係)運算

用=、>、<、<>...等符號來比較運算符號兩邊的關係，結果成立會傳回 True(真)，否則傳回 False(假)。

例：5<>3 為 True。
"Happy">"hap"為 False，因為字串資料依其 ASCII 碼做比較，0 <...< 9 < "A" <...< "Z" < "a" <...< "z"。

3. 邏輯(布林)運算

<table>
<tr><th>優先順序</th><th>運算符號</th><th>真值表</th><th>範例</th><th>結果</th></tr>
<tr><td>1</td><td>Not
(反)</td><td><table><tr><th>A</th><th>Not A</th></tr><tr><td>0</td><td>1</td></tr><tr><td>1</td><td>0</td></tr></table></td><td>口訣：
真→假，假→真
Not (3>2)
Not (3<2)</td><td>False
True</td></tr>
<tr><td>2</td><td>And
(且)</td><td><table><tr><th>A</th><th>B</th><th>A And B</th></tr><tr><td>0</td><td>0</td><td>0</td></tr><tr><td>0</td><td>1</td><td>0</td></tr><tr><td>1</td><td>0</td><td>0</td></tr><tr><td>1</td><td>1</td><td>1</td></tr></table></td><td>口訣：
二者為真才為真
(3>2) And (5<4)
(3>2) And (5>4)</td><td>False
True</td></tr>
<tr><td>3</td><td>Or
(或)</td><td><table><tr><th>A</th><th>B</th><th>A Or B</th></tr><tr><td>0</td><td>0</td><td>0</td></tr><tr><td>0</td><td>1</td><td>1</td></tr><tr><td>1</td><td>0</td><td>1</td></tr><tr><td>1</td><td>1</td><td>1</td></tr></table></td><td>口訣：
有一為真即為真
(3<2) Or (5<4)
(3<2) Or (5>4)</td><td>False
True</td></tr>
</table>

<table>
<tr><th>優先順序</th><th>運算符號</th><th>真值表</th><th>範例</th><th>結果</th></tr>
<tr><td rowspan="5">4</td><td rowspan="5">Xor
(互斥或)</td><td>A | B | A Xor B</td><td>口訣：</td><td></td></tr>
<tr><td>0 | 0 | 0</td><td>二者不同才為真</td><td></td></tr>
<tr><td>0 | 1 | 1</td><td></td><td></td></tr>
<tr><td>1 | 0 | 1</td><td>(3<2) Xor (5<4)</td><td>False</td></tr>
<tr><td>1 | 1 | 0</td><td>(3<2) Xor (5>4)</td><td>True</td></tr>
</table>

(1) 邏輯運算子的優先順序：NOT (反) > AND (且) > OR (或) > XOR (互斥或)。

(2) VB 2010 多了 AndAlso 和 OrElse，可以用較少的運算找到結果，例如：2>1 OrElse 1>2 OrElse 3<4 = True，只要判斷出第一個比較結果為 True 即可，沒有必要再往下運算。

4. 運算的優先順序

算術串連＞比較＞邏輯。

5. 指定運算元

VB2010 也可使用指定運算元+=、-=、*=、/=、\=、^=、&=等方式來表示。例如：X+=5 (即 X=X+5)。

6. 常數

程式執行過程中不會改變值的資料，可用 Const 來宣告常數，例如將圓周率(π=3.1416)宣告成常數：Const PI=3.1416。

7. 變數

(1) 變數宣告語法：Dim 變數名稱 As 資料型態。

(2) 會隨著程式的執行而改變其值的資料，可用 Dim 敘述或型別宣告符號來宣告變數，例如 Dim A As Integer 將變數 A 宣告成整數型態。

(3) VB 2010 可同時宣告多個變數，例如 Dim A,B,C As Integer，亦允許在宣告變數的同時設定初始值，例如 Dim A As Integer = 10。

(4) VB 2010 在使用變數前必須先宣告，如要未經宣告就直接使用變數，可在功能表『工具／選項／專案和方案／VB 預設值』中，將 Option Explicit 設為 Off。

8. VB 2010 資料型態

資料型態		名稱	儲存空間	有效範圍
數值	正整數位元組	Byte	1 Byte	0~255
	短整數	Short	2 Bytes	-32768~32767
	整數	Integer	4 Bytes	-2^{31}~2^{31}-1
	長整數	Long	8 Bytes	-2^{63}~2^{63}-1
	單精度浮點數	Single	4 Bytes	可存小數(有效位數 7 位)
	雙精度浮點數	Double	8 Bytes	可存小數(有效位數 15 位)
字串	字元	Char	2 Bytes	1 個 Unicode 字元
	字串	String		2^{31} 個 Unicode 字元
日期/時間		Date	8 Bytes	資料前後需加上「#」符號
布林		Boolean		True 或 False
不定型		Object		任何型別資料

※ 如果變數沒有宣告資料型態，VB 會將其視為 Object(不定型態變數)，執行效率較差。

9. 整數資料

當變數宣告為任一種整數型別時，若設定值含有小數，則四捨六入取整數值。

例：宣告 A 為短整數 Dim A As Short。

當 A=3.5，顯示結果為 4。(小數為.5，整數部分為奇數，進位)

當 A=2.5，顯示結果為 2。(小數為.5，整數部分為偶數，捨去)

10. 字串資料

前後需使用雙引號 " ，例如："培基 BASIC"。

11. 日期與時間資料

前後需使用 # ，例如：#2020/12/25#、#10：10：30 AM#。

12. 布林資料

以 True(真)、False(假)來表示條件成立與否。

13. 變數的命名規則

(1) 可為中文、英文字母、數字或底線，但第一個字元不可為數字。

(2) 不可以使用系統保留字，如：Dim、Rem、End、Integer 等。

(3) 英文字母大小寫視為相同，在同一有效範圍內變數名稱不可重複。

(4) 變數總長度不可超過 1023 個字元。

( )1. 梅莉號隨著海上的氣流來到空島，卻在入口處看到了通關條件：【計算 VB 中的運算式「3 ^ 2 - 5 * 3 / 2 Mod 3 + (-3) * (-3) \ 4」，答對方可進入！】，請問答案為何？ (A)5 (B)7 (C)9 (D)9.5。

( )2. 妮可羅賓在空島發現一個石碑，上面刻著一段文字：「將下列字元依其 ASCII 碼的大小遞減排序，即可解開歷史之謎！」，請問下列排序何者正確？ (A)g>G>6 (B)G>g>6 (C)6>G>g (D)g>6>G。

( )3. 在 VB 中，執行運算式「"Happy" > "Happen" AND "7"+"4" = 7 & 4」的結果為何？ (A)True (B)False (C)0 (D)1。

( )4. 在 VB 中，執行運算式「5 > 4 AND NOT -5 > -3 ^ 2 OR 8 <> 2 ^ 3」的結果為何？ (A)True (B)False (C)0 (D)1。

( )5. 在 VB 中，執行運算式「- 3 ^ 2 + 45 MOD 37 \ 2 * 3」的結果為何？ (A)12 (B)-5 (C)9 (D)-6。

( )6. 在 VB 2010 中，當整數變數值最大有可能為 50000 時，應將該變數宣告成何種整數資料型態？ (A)Byte (B)Short (C)Integer (D)String。

( )7. 在 VB 2010 中，當變數值有小數位數時，不能將該變數宣告成何種資料型態？ (A)Object (B)Boolean (C)Single (D)Double。

( )8. 在 VB 2010 中，下列哪一個變數名稱是正確的？ (A)911.US (B)VB-Test (C)My_Name (D)Rem。

( )9. 在 VB 2010 中，若 X 的初值等於 1，則運算式 X -= 3 的結果為何？ (A)1 (B)3 (C)-2 (D)4。

( )10. 在 VB 2010 中，41.5 Mod 3.6 的結果為何？ (A)11 (B)2 (C)1.9 (D)1。

1	D	2	A	3	A	4	B	5	D	6	C	7	B	8	C	9	C	10	C

1. 3 ^ 2 - 5 * 3 / 2 Mod 3 + (-3) * (-3) \ 4
   = 9 - 7.5 Mod 3 + 9 \ 4 = 9 - 7.5 Mod 3 + 2 = 9- 1.5 + 2 = 9.5。
2. 在 ASCII 字碼中：0 <.....< 9 < A <.....Z < a <.... < z。
3. "y"的 ASCII 碼大於"e"，所以"Happy" > "Happen"是 True，"7"+"4" = "74"、7 & 4 = "74"，兩者都是字串資料，所以"7"+"4" = 7 & 4 也是 True。
4. 5 > 4 AND NOT -5 > -3 ^ 2 OR 8 <> 2 ^ 3
   = 5 > 4 AND NOT -5 > -9 OR 8 <> 8
   = True AND NOT True OR False
   = True AND False OR False
   = False OR False =False。
5. -3 ^ 2 + 45 MOD 37 \ 2 * 3
   = -9 + 45 MOD 37 \ 6
   = -9 + 45 MOD 6
   = -9 + 3 = -6。
6. 短整數 Short 的範圍最大到 32767，因此若最大值可能為 50000 的變數，應宣告成整數 Integer 資料型態。
7. (B)Boolean：只能存 True(真)或 False(假)。
8. 變數第一個需為英文字母，變數不可為保留字，也不得有底線之外的特殊符號。

單元 22

程式語言基本概念

單元名稱	單元內容	106	107	108	109	考題數	總考題數
程式語言基本概念	程式語言類型	0	3	1	3	7	7
	物件導向	0	0	0	0	0	

1. 程式語言的類型

類型	特性	分類	說　明
低階語言	撰寫不易 可攜性低 執行速度快	機器語言	由 0、1 所組成，不需翻譯，可直接於電腦上執行。
		組合語言	以文字符號取代機器語言，需經過組譯才能執行。
高階語言	撰寫較容易 可攜性高 執行速度較慢	程序導向語言	依程式指令先後順序執行。如：FORTRAN、COBOL、BASIC、PASCAL、C、HTML 等。

類型	特性	分類	說　　明
		物件導向語言	將問題分解成具有獨立功能的「物件」，藉由物件之間的互動關係完成程式的設計。如：Java、C++、Delphi、Visual Basic、C#、Swift、Python、Perl、Ruby 等。

2. 組譯、直譯與編譯

(1) 組譯器(Assembler)：MS Assembler、Turbo Assembler。

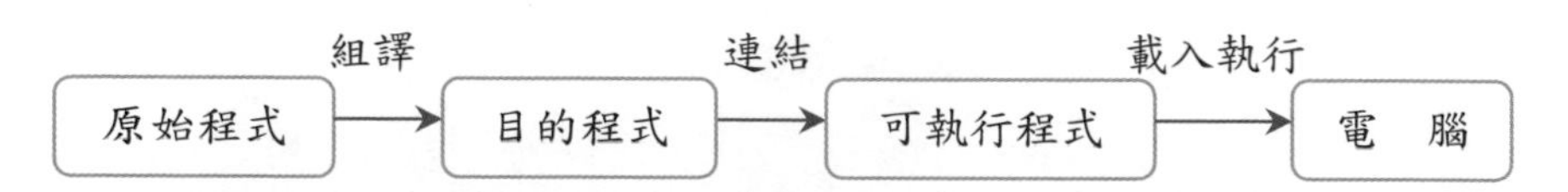

(2) 直譯器(Interpreter)：GWBASIC、QBASIC、Python。

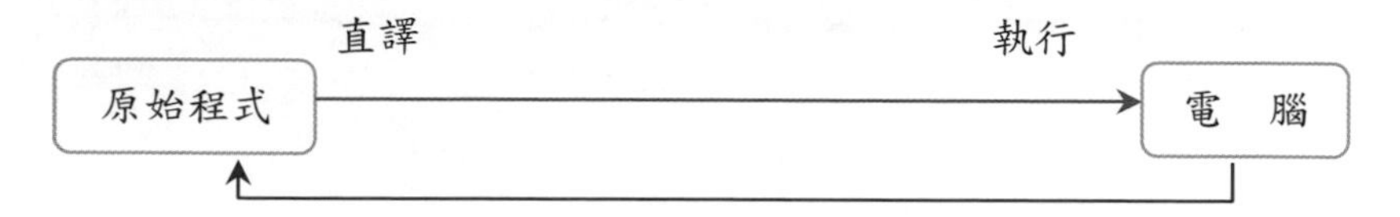

(3) 編譯器(Compiler)：VB、C、C++、Pascal、Delphi、Java...。

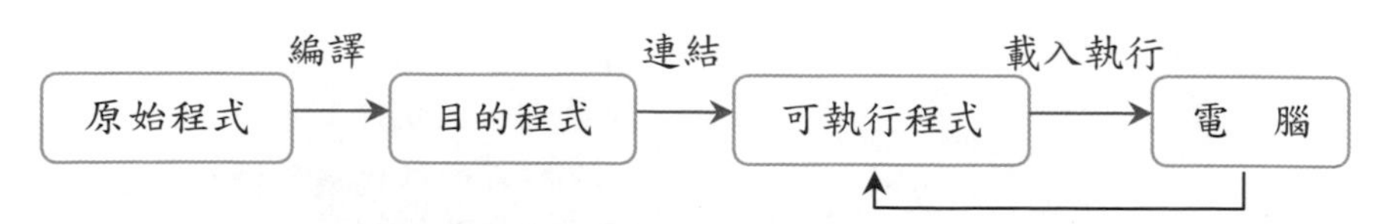

3. 物件的概念

(1) 物件：任何具體或抽象的事物，例如命令鈕 Button1 。

(2) 類別：具有類似性質、行為或共同關係的物件所組成的概念。

(3) 屬性：物件的外觀特性，例如將命令鈕外觀改為 確定 。

(4) 事件：驅動物件執行該物件所設定的動作，例如點一下滑鼠(Click)。點了滑鼠後會根據程式碼而有不同的動作反應，此反應為「事件程序」。

(5) 方法：物件的擁有的能力，例如內含在物件中的函數或程序。

4. 物件導向程式語言的特性

(1) 封裝：將資料和處理程序封裝在物件中，程式設計者只要明白該物件所擁有的功能即可，不需了解物件內部的設計。

(2) 繼承：依照原物件產生新物件，而新的物件可以繼承原來物件的能力和行為。

(3) 多型：子類別可依需要重新改寫由父類別繼承下來的方法，增加其所具備的能力。

(　) 1. 佛朗基用程式語言設計了一套飛彈發射系統，在要求較快的執行速度前提下，下列哪一種語言不需要經過翻譯就可以直接在電腦上執行？ (A)組合語言 (B)機器語言 (C)C 語言 (D)Java 語言。

(　) 2. 下列哪一種語言不具有「物件導向」語言的特性？ (A)Java (B)Visual Basic (C)HTML (D)C++。

(　) 3. 原始程式經過編譯後會先產生下列何種檔案？ (A)目的程式 (B)執行檔 (C)連結檔 (D)文字檔。

(　) 4. 喬巴在他的故鄉磁鼓王國開設了一間航海學校，並設計了一套「校務行政系統」規劃全校的科系別、任課教師、學生等。以物件導向的觀念來看，「科系別」是屬於？ (A)物件 (B)類別 (C)屬性 (D)事件。

(　) 5. 一套「校務行政系統」規劃了全校的科系別、任課教師、學生等，以物件導向的觀念來看，若「1 號同學第一次段考成績平均 80 分」，則此項敘述中的「成績平均 80 分」應為其？ (A)物件 (B)類別 (C)屬性 (D)事件。

(　) 6. 物件導向語言的特性中，透過何種機制可以讓新物件擁有上一代物件的特性，並可以發展出自己的特性？ (A)封裝 (B)繼承 (C)多型 (D)類別。

1	B	2	C	3	A	4	B	5	C	6	B

3. 程式編譯過程所產生的檔案：原始檔→目的程式→連結檔→執行檔。

4.~5. 科系別、任課教師、學生爲類別，每一個教師或學生則爲物件，學生的學號、姓名、成績則爲該學生的屬性。

倒數36天

單元 23

電子商務

單元名稱	單元內容	106	107	108	109	考題數	總考題數
電子商務	電子商務	2	2	1	2	7	7

1. 電子商務(EC，Electronic Commerce)

(1) 利用網際網路服務所從事的商業行為，可以提高效率、降低成本、提高獲利、互動性佳、無時差與地域限制。

(2) 常見的應用有網路購物、網路拍賣、網路團購、網路下單等。

2. 行動商務(M-Commerce, Mobile Commerce)

(1) 利用行動終端設備(例如：手機、平板電腦、筆電)所從事的商業行為，可以在任何時間與地點完成交易活動。

(2) 軟體商店：App Store(蘋果公司)、Google Play(Google 公司)、Hami Apps(中華電信公司)、Microsoft Store(微軟公司)。

3. 電子商務的四流

(1) 商流：商品所有權的轉移過程。

(2) 資訊流：利用網路與通訊技術提供商品相關資訊，又稱情報流。

(3) 金流：交易貨款的轉移過程。

(4) 物流：交易商品的配送過程。

4. 電子商務的付款取貨方式

(1) 付款方式：貨到付款(例如：超商取貨)、轉帳匯款、線上刷卡、電子現金(例如：電子錢包、智慧 IC 卡、icash、悠遊卡等)及第三方支付(例如：支付寶、支付連、歐付寶及 PayPal 等)。

(2) 取貨方式：超商取貨、郵寄、宅配、面交等。

5. 電子商務的架構

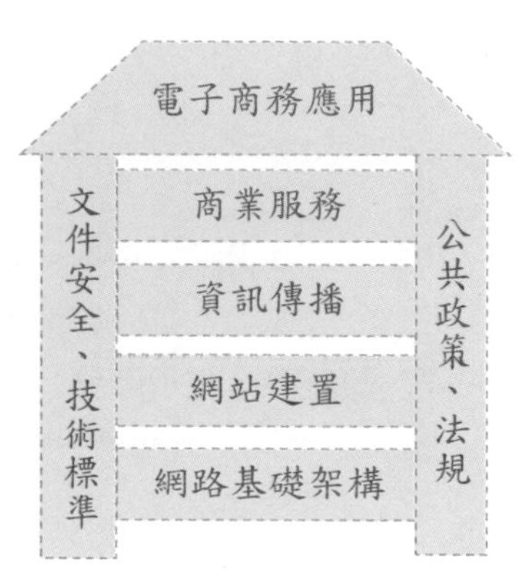

(1) 文件安全與技術標準：相關的通訊協定與文件安全規範。

(2) 公共政策與法規：相關的法令與隱私權保護。

(3) 網路基礎架構：網路基礎建設、網路軟硬體設備與網際網路服務。

(4) 網站建置：全球資訊網電子交易平台。

(5) 資訊傳播：傳送電子資料訊息，如電子資料交換、電子郵件等。

(6) 商業服務：包含安全技術、驗證服務、電子支付工具等。

(7) 電子商務應用：如電子銀行、線上購物、網路下單等。

6. 電子商務的經營模式

B：Business(企業)、C：Consumer(消費者)、G：Government(政府)。

(1) B2B：企業對企業，如：阿里巴巴中立電子市集、物流管理系統、跨國整合系統。

(2) B2C：企業對消費者，如：網路書局、PChome 購物商場、線上掃毒服務。

(3) C2B：消費者對企業，如：揪團合購。

(4) C2C：消費者對消費者，如：網路拍賣、eBay。

(5) G2B：政府與企業之間的電子商務，如：政府的採購案。

(6) G2C：政府對民眾(Citizen)的服務，如：稅務申報。

(7) G2G：政府對政府的服務，如電子公文、電子法規系統。

(8) O2O：用網路線上(Online)行銷，促進線下(Offline)實體消費流量，如：網路購物。

7. 電子商務的安全機制

(1) SET(電子商務安全交易)：網路交易的安全機制，買賣雙方皆需要申請憑證，包含交易雙方身份的確認、個人和金融資訊隱密性及傳輸資料完整性的保護。

(2) SSL/TLS(安全介面層協定/傳輸層安全協議)：網路傳輸的安全機制，只有賣方需要申請憑證而買方不需要，普遍應用於瀏覽器中。當瀏覽器的 URL 出現『https』時，表示此網頁具有 SSL/TLS 加密保護機制。

8. 電子商務相關法律

(1) 電子簽章法：賦予電子簽章文件的法律效力，提供身分認證及交易認證服務。

(2) 個人資料保護法：簡稱個資法，取得他人個資時必須在本人同意或法律規定的範圍內使用之。

(3) 消費保護法：保護消費者權益，促進國民消費生活安全。包括商品或服務之品質、安全衛生、合理價格、公平交易等。

(　) 1. 下列何者不是電子商務的特色？ (A)一天 24 小時均可交易 (B)可節省人事與水電等成本 (C)業者比較能擁有獨佔市場的機會 (D)消費者與賣方可以有良好的溝通管道。

(　) 2. 海盜獵人索隆在網路上訂購了一台 iPhone，並使用信用卡線上刷卡，請問索隆的刷卡付款行為是屬於電子商務四流的哪一項？ (A)金流 (B)商流 (C)資訊流 (D)物流。

(　) 3. 網際網路提供了資訊交換的便利性，網路交易中的隱私權保護相形重要，請問關於此相關法令是電子商務架構中的哪一個範疇？ (A)技術標準 (B)公共政策 (C)資訊傳播 (D)一般商業服務。

(　) 4. 夢想家旅遊公司透過網路提供消費者北極之旅行程的旅遊資訊及訂購服務，這是屬於哪一類型態的電子商務？　(A)B2B　(B)B2C　(C)C2B　(D)C2C。

(　) 5. 夢幻服飾公司向潮克成衣訂製 10 萬套的 T-Shirt 準備上網銷售，這是屬於哪一類型態的電子商務？　(A)B2B　(B)C2C　(C)C2B　(D)B2C。

(　) 6. 魯夫上拍賣網站標得一雙網友所拍賣的限量球鞋，這是屬於哪一類型態的電子商務？　(A)C2B　(B)B2C　(C)B2G　(D)C2C。

(　) 7. 下列哪一個不是現有的電子商務的經營模式？　(A)O2B　(B)B2C　(C)C2B　(D)G2C。

1	C	2	A	3	B	4	B	5	A	6	D	7	A

單元 24

網路犯罪

單元名稱	單元內容	106	107	108	109	考題數	總考題數
網路犯罪	網路犯罪	2	3	1	0	6	6

1. 網路犯罪

(1) 利用網路及電腦作為犯罪工具、途徑、場所之行為。

(2) 網路犯罪類型：如入侵或干擾他人電腦、製作惡意軟體、網路誹謗、公然侮辱、網路恐嚇、網路援交、網路詐欺、散布色情圖文物品、侵犯網路智慧財產權、網路違法交易等。

(3) 內政部為打擊網路犯罪，取締網路上不法行為，特別成立刑事局偵九隊單位。

2. 網路霸凌(Cyberbullying)

指透過網路管道(如：社群網站、即時通)，以圖文、影片等方式惡意欺負或排擠他人的行為。霸凌行為可分為關係(刻意排擠)、言語、肢體、性、反擊型、網路等六大類。

3. 網路沈迷的預防方法

學習自我時間的管理，訂定網路使用的規範，不參與暴力、色情的線上遊戲及網站。

4.　網路交友的正確觀念

上網的動機和心態要正確，多與家人討論、冷靜判斷，勿和網友有金錢往來，也不將私人資料輕易透露給網友。

5.　遊戲軟體分級

經濟部依「兒童及少年福利與權益保障法」第四十四條第二項訂定「遊戲軟體分級管理辦法」，遊戲軟體依其內容分為下列五級：

(1) 限制級(簡稱限級)：十八歲以上之人始得使用。

(2) 輔導十五歲級(簡稱輔十五級)：十五歲以上之人始得使用。

(3) 輔導十二歲級(簡稱輔十二級)：十二歲以上之人始得使用。

(4) 保護級(簡稱護級)：六歲以上之人始得使用。

(5) 普遍級(簡稱普級)：任何年齡皆得使用。

6.　個人隱私保護

每個人都有權利決定自己的個人資料是否提供他人使用，如：姓名、電話、住址、生日、身分證號碼、病歷資料、財務狀況…等。

(1) 個人資料保護法(個資法)：保護個人資料，避免隱私權受侵害的法規。

(2) 在網路上輸入個資時要提高警覺，並避免留下瀏覽歷史紀錄。

(3) 防止惡意程式入侵以及網路社群詐騙。

(　　)1. 香吉士老是喜歡在班上欺負娜美，娜美氣死了，用相機偷拍香吉士打瞌睡的樣子，將照片 PO 到 Facebook 上，公告大家香吉士是一隻惡魔豬。請問娜美已經侵犯了下列哪一種網路罪行？　(A)公然侮辱　(B)網路詐欺罪　(C)網路智慧財產權　(D)散布不法或猥褻物品。

(　)2. 香吉士很擅長影像處理，於是將人見人愛的漢考克小姐與脫星照片合成後，PO 在網路上販賣。香吉士此舉肯定違法，但是他並未侵犯下列哪一種網路罪行？　(A)網路色情　(B)網路恐嚇　(C)網路智慧財產權　(D)散布不法或猥褻物品。

(　)3. 喬巴的媽媽希望喬巴不要陷入網路沈迷的漩渦，請問下列哪一個不是好方法？　(A)遇到問題或挫折時，喬巴要自己懂得到網路上找避風港　(B)喬巴和媽媽一起訂定網路使用規範，做好時間管理　(C)喬巴的媽媽規劃多元的家庭休閒活動，讓喬巴參與　(D)過濾喬巴喜歡的線上遊戲。

(　)4. 經濟部訂定的「遊戲軟體分級管理辦法」中，規範遊戲軟體依其內容分成幾級？　(A)3　(B)5　(C)4　(D)2。

(　)5. 娜美最近在網路上認識了一個新朋友，但雙方從未見過面，此時娜美應採取下列何種行為，才可以防止被網友詐騙？　(A)透漏個人資料，求取親近　(B)一認識，立刻和網友約見面　(C)仔細求證，不盲目相信網友　(D)約見面時要單獨赴約。

(　)6. 下列何者不是屬於個人隱私保護的範疇？ (A)人人具有基本決定個資被使用與否的權利 (B)勿再網路上下單購買商品 (C)要給個人資訊時必須三思而後行　(D)公用電腦上盡量避免輸入個人資訊。

1	A	2	B	3	A	4	B	5	C	6	B

單元 25

網際網路服務

單元名稱	單元內容	106	107	108	109	考題數	總考題數
網際網路服務	網際網路的範圍	0	0	0	0	0	6
	網際網路連線方式	0	0	0	0	0	
	網際網路服務供應商(ISP)	0	0	0	0	0	
	網際網路服務	3	1	0	2	6	

1. 網際網路的範圍

(1) Internet(網際網路)：前身為 ARPANET 網路，現在是指世界各地彼此連接而成的超大型電腦網路。

(2) Extranet(商際網路)：上、下游相關企業所共同構成的網路，範圍涵括企業與企業之間。

(3) Intranet(企業網路)：企業內部的網路，目的是對內部人員提供群體溝通的服務。

(4) 規模比較：Internet＞Extranet＞Intranet。

2. 常見的網際網路連線方式

類別	方式	設備
寬頻有線網路	ADSL	網路卡、ADSL 數據機及電話線路、集線器
	CATV Network	網路卡、纜線數據機及有線電視線路、集線器
	專線固接	網路卡、集線器、路由器及專線(T1、E1、T3、T4)
	FTTH(光纖到府)、 FTTB(光纖到大樓)、 FTTC(光纖到路邊)	網路卡、光纖轉換器及光纖線路、集線器
無線網路 行動網路	Wi-Fi (IEEE 802.11 系列) 3G 4G WiMAX(IEEE 802.16) 4G LTE (Long Term Evolution) 4.5G LTE-A(Advanced)	行動電話、平板電腦、PDA、無線網卡、無線基地台

3. 網際網路服務供應商(ISP)

提供動態 IP 位址或固定 IP 位址給連上網際網路的電腦，並提供各項網際網路服務。國內常見的 ISP 有：

服務對象	ISP	費　用
學術用	TANet(台灣學術網路)	免費
企業及個人用	HiNet、SeedNet、Sonet…等	需付費

4. 常見的網際網路所提供的服務

服　務	說　明
WWW 全球資訊網	在瀏覽器的網址列輸入 URL 如:「http://網址或 IP 位址」，開啟以超文件標示語言(HTML)等所撰寫的網頁(Web Page)。
E-mail 電子郵件	透過網際網路傳遞郵件的服務，電子郵件表示法為「使用者名稱@郵件伺服器位址」。
Line、WhatsApp、WeChat、Skype、	透過網路，線上聊天、留言、檔案傳輸、影音交

服　務	說　　明
Facebook Messenger 即時通訊	談或多人視訊會議。
VoIP、IP phone 網路語音服務	將語音的類比訊號轉換成數據封包的型式，屬於透過 Internet 傳送的網路電話。使用者透過電腦的語音裝置而不需透過傳統的公眾電話網路(PSTN)即可進行遠距電話交談。
IPTV、Web TV 網路電視	利用網路傳輸節目內容，是一種互動式的隨選視訊，不受節目播出時間與播放順序的限制，例如中華電信的 MOD、Apple 的 iTV。
Blog 部落格 (網誌、博客)	一種定型化網路平台，可設定個人化版型、發表文章、日記及上傳圖片等，使用者可輕易維護的個人網站。Vlog 指的是影音部落格，可提供個人影音日誌上傳分享。
Ftp 檔案傳輸	通常允許使用者以匿名方式登入，使用者名稱為 anonymous。Ftp 連線方式： ①在瀏覽器的網址列或檔案總管中輸入 URL 如：「ftp://網址或 IP 位址」。 ②使用工具程式 Ws-ftp、Cute-ftp 等。
BBS 電子佈告欄	網際網路上的佈告欄，使用 Telnet 方式登入。
Telnet 遠端登錄	透過網路登錄(Login)到遠端電腦主機，而本地端電腦成為其終端機。連線期間不論使用者是否按任何按鍵，都會佔用主機的部分資源。
Google Earth 虛擬地球儀	Google 把衛星空照圖、航空空照圖和地理資料系統(GIS)整合在一個三維的地球模型上。
Google Docs Google 文件	Google 所提供類似 MS Office 軟體的線上免費服務，不須另外安裝。在線上建立並共用檔案，只需藉由網頁瀏覽器就可以進行辦公室文件的編輯，並且可儲存在網路上。
Cloud Computing 雲端運算	基於網際網路的運算方式，把所有的資料，例如：電子郵件、文章、照片等，全部都放在網路上去處理。相當於網路上有一群電腦組合成一台運算及儲存能力都很強大的電腦。
iCloud、Google Drive	一種網站線上儲存的型式，例如：網路硬碟、線

服務	說明
DropBox、SkyDrive 雲端儲存	上備份及線上儲存等。例如：蘋果公司(Apple)所提供的 iCloud、Google 公司的 Google Drive、DropBox 公司的 DropBox 及微軟公司(Microsoft)的 SkyDrive。
YouTube 短片分享服務	提供網友上傳、觀看及分享短片的網站。
Social Network 社群網站	主要功能是提供用戶建立線上社群，作為資訊的交流與分享。常見的有 Facebook(臉書)、Twitter(推特)、新浪微博、Google+、Plurk(噗浪)、Line 等。

(　) 1. 在學校同時可能有數間電腦教室的學生都要上網際網路，因此最常採用的是下列哪一種方式？　(A)專線固接　(B)撥接式數據機　(C)iPod　(D)手機上網。

(　) 2. 下列何者有誤？　(A)ADSL 中文稱為非對稱數位用戶線路　(B)ADSL 上傳及下載的傳輸速率不對稱　(C)ADSL 是提供網際網路服務的公司　(D)ADSL 可以使用電話線做傳輸媒介。

(　) 3. 下列何者是利用有線電視的網路提供寬頻上網服務？　(A)ATM　(B)CATV　(C)ADSL　(D)T1 專線。

(　) 4. 何者不是網際網路服務公司(ISP)？　(A)台灣學術網路(TANet)　(B)HiNet　(C)有線電視業者　(D)Yahoo!奇摩。

(　) 5. VoIP 電話其語音訊號的傳遞是經由？　(A)PSTN　(B)LAN　(C)ISDN　(D)Internet。

(　) 6. 常見網際網路上的運用，下列的說法何者較為正確？　(A)Vlog 可提供個人影音日誌上傳分享　(B)BBS 主要是提供檔案傳輸服務　(C)Skype 主要是作為檔案搜尋　(D)FTP 常用來收發電子郵件。

(　) 7. 魯夫一伙人來到了海底樂園「魚人島」，他想透過網路與故鄉的好朋友即時影音溝通，試問他可使用下列那一項網路服務？　(A)Facebook　(B)Skype　(C)BBS　(D)Web Mail。

( ) 8. 騙人布一直想成為最勇敢的海上戰士，最近卻成為海上網路小宅男，下列關於他使用網路服務的敘述，何者有誤？ (A)利用 IE 瀏覽網頁 (B)在 Google 輸入"航海"，便可自動找到相關的資料 (C)在 Blog 中發表文章、日記及上傳圖片 (D)使用 FTP 在討論區中對目前最熱門的話題發表自己的看法。

( ) 9. 下列敘述何者是正確的？ (A)SSD：使用 SRAM 材質，功能與 ROM 相同 (B)Google Docs：只需網頁瀏覽器就可以進行辦公室文件的編輯，並且可儲存在網路上 (C)Plurk：一種 Web 服務，主要提供影音下載和線上觀看 (D)Twitter(推特)：主要在於提供網路平台讓有興趣的人能開發應用程式或遊戲給網友使用。

( )10.有關網路語音視訊的說明，下列何者較不適當？ (A)利用 Facebook Messenger 可進行視訊會議 (B)Line 使得網友可以線上聊天 (C)VoIP 是一種網路影音觀賞網站 (D)Skype 除了可透過網際網路免費即時視訊外，還可用來撥打市內電話。

1	A	2	C	3	B	4	D	5	D	6	A	7	B	8	D	9	B	10	C

2. (C)ISP 才是提供網際網路服務的公司。
4. (D)Yahoo!奇摩屬於入口網站。
6. BBS：電子佈告欄，Skype：網路電話，FTP：檔案下載。
9. (A)SSD：使用 Flasy Memory 為材質，功能類似傳統的硬碟，可讀可寫
   (C)Plurk：一個社會化的微網誌，自己跟好友的所有消息都會顯示在一條時間軸上是其一大特色
   (D)Twitter(推特)：自己所設定的好友都可以即時在使用者的版面頁上看到每一則更新的訊息。

單元 26 電腦網路硬體概念、網路伺服器

單元名稱	單元內容	106	107	108	109	考題數	總考題數
電腦網路硬體概念、網路伺服器	傳輸媒體	0	1	0	0	1	5
	網路硬體設備	1	0	0	0	1	
	網路佈線	0	1	0	1	2	
	網路伺服器	1	0	0	0	1	

1. 有線傳輸媒體

(1) 雙絞線：容易安裝且費用較其他種類的線路便宜，分 7 個等級 (Category 1~5，5e 及 6)，等級愈高支援的傳輸率就愈高。現今多數的區域網路採用 4 對(8 蕊)，兩端採用 RJ-45 接頭。如：電話線路和電腦區域網路。

(2) 同軸電纜：分粗、細同軸電纜，採用 BNC 接頭。如：匯流排區域網路、有線電視之電纜線。

(3) 光纖：材質為玻璃光學纖維，安全性高，適合遠距離傳輸。如：100BaseFX 乙太網路、有線電視網路及多數電腦網路的主要傳輸骨幹。

2. 無線傳輸媒體

(1) 無線電波：使用無線電波傳送訊號，可穿透障礙物、沒有傳輸角度的限制。如：廣播、藍牙、RFID、Wi-Fi、3G、4G(WiMAX、LTE、LTE-A)。

(2) 微波：使用高頻的無線電波，以直線方式傳送訊號，二點之間不可以有障礙物。可傳送較遠的距離，若距離遠時則須設中繼站。如：GPS(全球定位系統)。

(3) 紅外線：使用紅外線光束傳送資料，適用於鄰近設備之間的短距離傳輸。傳輸距離短、無法穿透障礙物、有傳輸角度的限制。如：遙控器、無線滑鼠與鍵盤。

(4) 人造衛星：傳送方向人造衛星發射訊號，透過人造衛星將訊號加強後再傳送給接收方。如：實況節目轉播。

3. 網路硬體設備

設備名稱	功能	主要用途	運作層次
數據機 Modem	轉換數位訊號及類比訊號	轉換電腦數位訊號及電話線類比訊號，是一般家中連上網際網路不可或缺的設備	實體層
集線器 Hub	星狀網路的中心設備，連接多個工作站或伺服器；亦可做為中繼器	分散線路，具中央控管的優點	實體層
中繼器 Repeater	修補、強化訊號	延長網路傳輸距離	實體層
網路卡 NIC	傳輸媒體與電腦間的介面卡，每一片網路卡都有獨一無二的 MAC Address(網路卡實體位址，由 6 組數字組成，每組數字佔 1Byte)	負責網路上傳輸媒體與電腦之間的連接和訊號的轉換	資料連結層
橋接器 Bridge	連接二個以上實體層網路	區隔兩端網路傳輸量，增進網路效能	資料連結層

設備名稱	功能	主要用途	運作層次
交換器 Switch	相當於多埠口的橋接器，可作為橋接器或路由器	做為輸入訊號的緩衝儲存，降低封包碰撞機率	資料連結層 網路層 傳輸層
路由器 Router	找出最佳路徑傳輸資料	連接區域網路(LAN)與廣域網路(WAN)	網路層
IP 分享器 (寬頻分享器)	具 NAT 協定以及 DHCP Server 功能的集線器，可動態分配私人 IP 給連結的電腦使用	使家中多台電腦同時共用一個合法 IP 上網	網路層
閘道器 Gateway	串接兩個通訊協定不同的網路	處理網路之間不同通訊協定的訊號轉換	涵蓋 OSI 1～7 層

4. 網路佈線(網路拓撲，Topology)

	架構圖	特色	運用實例
星狀		①又稱放射狀網路 ②各電腦間經由中央控制設備(如：Hub)管理 ③使用雙絞線 ④只有中央控制設備故障時，整個網路才會癱瘓	10BaseT 100BaseTX (T-雙絞線)
環狀		①單向傳輸 ②無中央控制設備 ③任一部電腦故障，皆會影響整體網路的運作	Token Ring 網路 FDDI 網路
匯流排		①一條傳輸線主幹連接所有設備，兩端以終端電阻結束佈線 ②資料往兩端傳送至網路上的每一部電腦 ③某部電腦壞了不會影響其他電腦運作，若傳輸線發生問題，連接在這段傳輸線上的電腦都不能運作	10Base5 10Base2

	架構圖	特　　色	運用實例
樹狀		①佈線方式是階層性(樹枝狀) ②任兩部電腦間只有一條傳輸線連接 ③資料進入任一個節點後，會向所有的分支傳遞 ④上層線路故障會導致下層癱瘓	採用集線器的電腦教室網路
網狀		①安全性最高 ②兩部主機間有兩條以上線路連接 ③某段線路斷線，仍可繞經他處進行連線 ④適用於傳送資料量大的環境 ⑤架設成本較高，且架構複雜	網際網路

5. **網路伺服器**

(1) File Server：檔案伺服器，將檔案集中管理。

(2) Print Server：列印伺服器，提供網路共用印表機。

(3) DNS Server：網域名稱伺服器，負責 IP address 與主機(網域)名稱轉換。

(4) DHCP Server：動態主機設定伺服器，負責分配動態 IP 位址及相關網路設定給客戶端，例如：ISP 使用 DHCP 服務為撥接到 Internet 的使用者電腦指定一個 IP 位址。

(5) Web Server：提供全球資訊網服務，提供網頁相關資源。

(6) Mail Server：提供電子郵件的收發服務。

(7) Ftp Server：提供檔案傳輸服務的主機，有各式各樣檔案供網友下載。

(8) Proxy Server：快取伺服器，功能有二：

- 具有快取(Cache)功能，可以降低網際網路上傳輸負載。
- 當防火牆(Firewall)，用來保護、隱藏自己的網路系統。

(　) 1. 下列敘述，何者錯誤？　(A)集線器(HUB)是星狀網路的中心設備，也是樹狀網路的節點　(B)光纖比雙絞線及同軸電纜較不易受電磁波干擾　(C)中繼器(Repeater)可找出資料傳輸的最佳路徑，常作為區域網路與廣域網路連接時的重要橋樑　(D)電話撥接、ADSL 上網都是有線網路。

(　) 2. 魯夫和索隆、娜美、喬巴、香吉士等人，憑藉著現代最新科技的 GPS(全球定位系統)一起同心協力在海上冒險趴趴走，朝著「偉大的航道前進」，尋找傳說中的「一個大秘寶 ONE PIECE」。請問，GPS 是使用下列哪一種傳輸媒體來傳送資料？　(A)紅外線　(B)無線電波　(C)雙絞線　(D)光纖。

(　) 3. 電腦教室採用集線器分層連接多台電腦，請問這是屬於哪一種網路拓撲(Topology)？　(A)匯流排　(B)環狀　(C)樹狀　(D)網狀。

(　) 4. 下列敘述何者錯誤？　(A)中繼器(Repeater)又稱信號加強器，主要的功能是修補、強化訊號　(B)路由器(Router)主要功能是選擇網路傳輸的路徑　(C)閘道器(Gateway)將不同協定間的網路，進行溝通轉換，可以連接兩個不同通訊協定的網路　(D)橋接器(Bridge)主要將頻寬平均分配給各連接埠，達到充分有效使用線路。

(　) 5. 常見的 RJ-45 接頭是接於網路卡的連接埠上，請問其使用的是何種傳輸媒體？ (A)雙絞線　(B)同軸電纜　(C)光纖　(D)紅外線。

(　) 6. 以下有關網路拓撲(Topology)連接各裝置的方式何者較不適當？ (A)樹狀(Tree)形成一個階層性網路　(B)星狀(Star)通常以中央設備(如:Hub)來連接裝置　(C)環狀(Ring)需使用終端電阻結束佈線　(D)匯流排狀(Bus)以廣播方式傳輸資料。

(　) 7. 下列哪一種伺服器提供網頁快取功能和防火牆功能？　(A)FTP Server　(B)Web Server　(C)Proxy Server　(D)DHCP Server。

(　) 8. 喬巴和魯夫正為了一件網路詐騙事件而傷透了腦筋，頭腦簡單的魯夫認為只要掌握到歹徒上網犯案時所使用的 IP 位址，下次就可以利用這個 IP 位址輕易地逮到罪犯。喬巴卻說：「歹徒使用的是動態 IP，沒那麼容易抓到他的。」請問，動態 IP 位址是由下列哪一種伺服器所負責分配？ (A)DHCP Server (B)FTP Server (C)Print Server (D)Web Server。

(　) 9. 下列哪一種伺服器主要是用來提供檔案下載功能？ (A)Print Server (B)FTP Server (C)Proxy Server (D)Domain Name Server。

(　)10.我們可以到入口網站去尋找美食的相關網頁，這類的服務是由下列哪一種伺服器所提供？ (A)Mail Server (B)Print Server (C)FTP Server (D)Web Server。

1	C	2	B	3	C	4	D	5	A	6	C	7	C	8	A	9	B	10	D

1. (C)路由器(Router)可找出資料傳輸的最佳路徑，常作為區域網路與廣域網路連接時的重要橋樑。
4. (D)集線器(Hub)主要將頻寬平均分配給各連接埠，達到充分有效使用線路。
6. (C)匯流排狀(Bus)需使用終端電阻結束佈線。
7. (A)FTP Server：檔案傳輸
(B)Web Server：網站資源
(D)DHCP Server：動態主機設定。

倒數32天

單元 27

記憶體的比較

單元名稱	單元內容	106	107	108	109	考題數	總考題數
記憶體的比較	記憶體存取速度	0	0	0	1	1	5
	RAM 與 ROM	2	1	0	1	4	

1. 記憶體存取速度

存取速度由快而慢依序為：

暫存器＞快取記憶體(L1＞L2＞L3)＞DRAM(DDR4＞DDR3＞DDR2)＞硬碟＞隨身碟＞光碟＞軟碟。

2. 軟體執行時指令載入的順序

輔助記憶體→DRAM→快取記憶體(L3→L2→L1)→CPU 內暫存器。

3. RAM 與 ROM 比較

比較項目	RAM	ROM
讀寫資料	可讀可寫	可讀不可寫
關閉電源	資料會消失，具揮發性	資料不會消失，不具揮發性
主要用途	暫存執行中的程式和資料	永久存放 POST、BIOS

4. 主記憶體與輔助記憶體比較

比較項目	主記憶體	輔助記憶體
速度	快	慢
單位成本	高	低
容量	小	大
主要類別	RAM、ROM	軟碟、硬碟、光碟、隨身碟

5. 虛擬記憶體與虛擬磁碟機

比較項目	虛擬記憶體	虛擬磁碟機
方式	將硬碟空間當作主記憶體使用	將主記憶體空間當作磁碟使用
存取速度	低於主記憶體	高於硬碟
功能	彌補主記憶體空間不足	加快存取資料速度

6. 資料緩衝區(Buffer)

存取資料記錄的暫時儲存區，通常用於印表機、硬碟及掃描器等。

( ) 1. 索隆到船廠想要購買航行速度最快的快艇，老闆介紹他 4 台分別標註著 DRAM、快取記憶體、硬碟、暫存器(Register)等不同存取速度的等級。下列哪一款才會是索隆的首選？ (A)DRAM (B)快取記憶體 (C)硬碟 (D)暫存器。

( ) 2.輔助記憶體中，哪一種裝置的速度最慢？ (A)軟碟 (B)隨身碟 (C)光碟 (D)硬碟。

( ) 3. 暫存器、隨身碟、硬碟、光碟、快取記憶體的存取速度中，快於 DRAM 的存取速度的共有幾項？ (A)5 (B)2 (C)3 (D)4。

(　) 4. 下列敘述何者正確？　(A)RAM 及 ROM 皆可讀取及寫入資料　(B)BIOS 主要儲存於 ROM 中　(C)電腦電源關閉後，所有記憶體中的內容都會消失　(D)主記憶體存取速度及容量都高於輔助記憶體。

(　) 5. 宅男喬巴成天都窩在房間裡打電動，高規格及執行速度快的電腦設備是打敗天下無敵手的最佳利器。他為了讓電腦能順利執行需使用大量主記憶體空間的電腦遊戲，除了購買更多的記憶體之外，還可以使用下列哪一種方式來彌補主記憶體空間的不足？　(A)快取記憶體　(B)虛擬磁碟機　(C)虛擬記憶體　(D)資料緩衝區。

1	D	2	A	3	B	4	B	5	C

1. 記憶體存取速度：暫存器(Register)>快取記憶體>DRAM>硬碟。
2. 輔助記憶體存取速度：硬碟>隨身碟>光碟>軟碟。
3. 快於 DRAM 的存取速度的有暫存器、快取記憶體 2 項。
4. (A)ROM 只能讀取不能寫入資料
   (C)電腦電源關閉後，ROM 的內容不會消失
   (D)主記憶體容量小於輔助記憶體。

單元 28 CPU

單元名稱	單元內容	106	107	108	109	考題數	總考題數
CPU	CPU	0	3	1	1	5	5

1. CPU 效能

(1) CPU 的速度：時鐘脈衝每秒的次數，也稱為時脈頻率，單位為 MHz(百萬赫茲，1M＝10^6)或 GHz(十億赫茲，1G＝10^9)。如 Intel Core i7-3770_3.9GHz，3.9GHz 就是 CPU 速度。執行 1 個時脈所需的時間稱為時脈週期(Clock Period)，時脈頻率×時脈週期＝1，與時脈頻率互為倒數。

(2) CPU 規格：

(3) FSB(Front Side Bus，前端匯流排)：指 CPU 對外(與北橋晶片)的運作速度，速率越高效能越好。

2. 電腦系統執行速度

MIPS(每秒所執行的百萬個指令數，1M＝10^6)、GIPS(每秒所執行的十億個指令數，1G＝10^9)：計算電腦系統執行速度的單位。

3. 若 CPU 的資料匯流排線有 n 條，可表示：

(1) 此部為 n 位元的電腦。

(2) 一次能處理或存取 n 位元。

(3) 一次能處理的資料量以 Word 為單位時，1 Word = n 位元。

例如：某 CPU 的資料匯流排有 64 條，則此部為 64 位元的電腦。CPU 一次能處理或存取的資料為 64 位元(即 8Bytes)，而且 1 Word = 64 位元。

4. 若 CPU 的位址匯流排線有 m 條，可表示：

(1) 主記憶體容量最大為 2^mBytes。

(2) 可定址的最大記憶體空間為 2^mBytes。

例如：某 CPU 的位址匯流排有 34 條，則可定址的最大記憶體空間為 2^{34}Bytes($=2^4\times2^{30}$ Bytes$=2^4$ GB $=16$ GB)。

5. CPU 內部暫存器

指 CPU 內部的記憶區塊，執行速度快，可增進 CPU 處理效能。

名　稱		功　能
程式計數器	PC	儲存 CPU 下一個要執行的指令位址
指令暫存器	IR	儲存 CPU 正在執行的指令
位址暫存器	MAR	儲存 CPU 要存取的資料的位址
記憶體緩衝暫存器	MBR	儲存從記憶體中讀取或預備寫入記憶體中的資料或指令
記憶資料暫存器	MDR	
累加暫存器	ACC	儲存 ALU 計算產生的中間結果
旗標暫存器	FR	可隨時記錄 CPU 執行完各種運算後的狀態

6. CPU 的指令運作週期

(1) 或稱為機器週期(Machine Cycle)，擷取及解碼合稱擷取週期(Fetch cycle)，執行及儲存合稱執行週期(Execute cycle)。

(2) 指令運作順序：擷取指令→指令解碼→執行指令→回存結果。

7. 多核心

把 N 個 CPU 的運算核心置在原本 1 顆 CPU 的空間中，讓相同體積的 CPU 晶片具有接近 N 倍的運算能力。

8. 平行處理

CPU 同時處理多個執行緒，以加快處理速度，多核心 CPU 可以充份發揮平行處理的效果。

9. 管線運算

將指令週期切割成多個單位，即使第一個指令尚未完成，也可開始執行下一個指令，藉以提高 CPU 執行的效率。

( ) 1. 新學期新開始，魯夫到電腦賣場想買一部新的電腦。店員娜美熱心招呼，並詳細地解說各項設備的性能與差異。娜美依據魯夫所提出的需求及預算列出了以下的規格：1TB 硬碟 10000 轉、Core i5-650 3.2G、4GB DDR3-1333，魯夫不好意思的問了一下：「這部電腦的 CPU 速度到底是多少呢？」下列哪一項才是魯夫所想知道的正確解答？ (A)1TB (B)10000 轉 (C)3.2GHz (D)4GB。

( ) 2. 所謂的電腦執行速率，通常都以何者為主來衡量？ (A)上網傳輸速率 (B)CPU 速度 (C)電腦開機快慢 (D)記憶體存取速度。

( ) 3. 若某部電腦有 64 條資料匯流排線，32 條位址匯流排線，其一次可以存取的資料為？ (A)64Bytes (B)64bits (C)32Bytes (D)32bits。

( ) 4. 紅髮傑克新買了一部電腦，其中 CPU 的規格註明其具備了 64 條的資料匯流排線，以及 32 條的位址匯流排線。由此來推算時，此部電腦最大能擴充到多少的主記憶體容量？ (A)2^{64}Bytes (B)2^{32}bits (C)4GB (D)32MB。

( ) 5. 某 64 位元電腦的 CPU 為 Core i7-980X 3.33G，具有 32 條位址線，則下列敘述何者不正確？ (A)主記憶體最大定址空間為 4GB (B)電腦一次能處理 64 位元的資料 (C)該電腦屬於微電腦的一種 (D)3.33G 是指記憶體大小。

( ) 6. 下列對電腦的描述何者不正確？ (A)有 36 條位址線其能決定的記憶體容量為 64GB (B)位址匯流排負責傳送 CPU 所要存取資料的位址 (C)標示 Core i5-650 3.2G 的 CPU 是指其內頻為 3.2GHz (D)某CPU的平均指令執行時間為10奈秒，則該CPU的速度為1000MIPS。

( ) 7. 下列何者對雙核心的敘述不正確？ (A)是中央處理單元的一種 (B)2 顆 CPU 同時運作的技術 (C)1 顆 CPU 具有 2 個運算核心 (D)具有接近 2 倍的運算能力。

( ) 8. 下列敘述何者正確？ (A)CPU 內部暫存器中的程式計數器(PC)負責儲存 CPU 下一個要執行的指令位址 (B)GIPS 為硬碟轉速的單位 (C)CPU 的指令運作週期順序為指令解碼→擷取指令→執行指令→回存結果 (D)FSB 是指 CPU 與周邊設備連接的速度。

1	C	2	B	3	B	4	C	5	D	6	D	7	B	8	A

1. (A)1TB 硬碟：硬碟容量
   (B)10000 轉：硬碟轉速
   (D)4GB DDR3-1333 中：主記憶體的容量、規格及速度。
3. 一次可以存取的資料與資料匯流排線數有關。
4. 主記憶體容量與位址匯流排線數有關，2^{32} Bytes = $2^{2}\times2^{30}$ Bytes = 4GB。
5. (D)3.33G 是指 CPU 的時脈。
6. (A)2^{36} Bytes = $2^{6} \times 2^{30}$ = 64 GB
   (D)CPU 的執行速度爲每秒 $1/(10\times10^{-9})$個指令，即 100MIPS。
8. GIPS 為計算電腦系統執行速度的單位；CPU 的指令運作週期順序為擷取指令→指令解碼→執行指令→回存結果；FSB 是指 CPU 對外的運作速度。

單元 29

電腦病毒及網路攻擊模式

單元名稱	單元內容	106	107	108	109	考題數	總考題數
電腦病毒及網路攻擊模式	電腦病毒	0	2	0	0	2	4
	網路攻擊模式	0	1	0	1	2	

1. 電腦病毒(Virus)、惡意軟體(Malware)

(1) 電腦病毒：具有破壞力的程式，會設法進入記憶體(RAM)中，進行感染及破壞。

(2) 惡意軟體：在未明確提示或未經許可的情況下，在用戶電腦安裝執行軟體，侵犯其合法權益，如廣告軟體(Adware)等。

2. 電腦病毒感染途徑

(1) 可攜式儲存媒體(光碟、隨身碟、行動硬碟)：使用來路不明的隨身碟或與他人共用隨身碟。

(2) 網路：接收電子郵件或由網路下載檔案，如 E-mail、FTP、瀏覽網頁。

3. 防範之道

(1) 時常更新病毒碼或防毒軟體。

(2) 開啟隨身碟檔案或由網路下載檔案及電子郵件時最好先掃毒。

(3) 重要資料需備份於不同硬碟內，並存放在不同地點，以免損壞。

4. 電腦病毒及惡意軟體的種類

種類	特性	感染方式及影響
開機型(系統型、啟動型)	存在磁碟啟動磁區，比作業系統更早進入記憶體，取得磁碟讀寫的控制權	修改磁碟檔案配置表(FAT)或硬碟分割表(Partition Table)
檔案型	寄生在可執行檔案中(副檔名如.com、.exe)	執行中毒檔案時，會常駐在記憶體中感染其他執行檔
巨集型(文件型)	以 VBA 語言所寫成的巨集程式，常附在 Word、Excel 等應用軟體的文件檔案中	執行巨集後感染這類型的文件檔
隨身碟病毒(USB蠕蟲)	存在隨身碟的 Autorun.inf 檔中	插上隨身碟就可以自動被執行，中毒後無法快按兩下開啟隨身碟
蠕蟲(Worm)、特洛伊木馬	寄生在文件、網頁、電子郵件或正常的事件程序中	大多利用網路(如 E-mail、FTP 等)來傳染，造成網路癱瘓，或竊取資料給駭客
行動裝置	將木馬程式隱藏在 App 軟體	自動開啟拍照、發送高費率或加值服務的簡訊等
間諜程式	利用免費軟體、電子郵件及含間諜程式的網頁為傳染媒介	主動掃描電腦系統並監視電腦活動，造成系統當機或異常執行、洩漏帳號與密碼進行入侵等

5. 電腦病毒和惡意軟體的比較：

類型	電腦病毒	電腦蠕蟲	特洛伊木馬
目的	具破壞力 造成使用不便	造成癱瘓 無法正常使用	入侵他人電腦 竊取資料
可自行繁殖及複製	是	是	
需寄生在別的檔案	是		是
會感染給其他檔案	是		

6. 網路攻擊模式

(1) 漏洞：因電腦軟體設計上的瑕疵，給予駭客有攻擊的弱點。
(2) 猜密碼：不斷的猜測帳號與密碼，以入侵他人電腦。
(3) 殭屍網路(BotNet)：被入侵的電腦在不知情狀況下，成為駭客可以從遠端操控的機器。
(4) 殭屍帳號：在社群網站(如 Facebook)上建立大量虛擬帳號，企圖影響社群的行為(如投票等)。
(5) 郵件炸彈(E-mail Bomb)：不斷地寄信給某人，導致其信箱的儲存空間不足以存下所有寄來的郵件。
(6) 邏輯炸彈(Logic Bomb)：當預設的條件(如特定的日期)吻合時便啟動，此時會造成檔案的損毀或當機。
(7) 特洛伊木馬程式：使用者執行感染的程式時，後門程式會進駐系統中(建立後門)以便入侵，或更進一步竊取機密資料。
(8) 鍵盤側錄(Keylogger)：取得電腦鍵盤按過的按鍵，擷取輸入的個人資料，如用戶帳號及密碼、信用卡號碼。
(9) DoS 阻絕服務：利用攻擊程式在瞬間產生大量的封包，導致系統癱瘓。若是來自於許多不同的 IP，則稱為「分散式阻絕服務」(DDoS)。
(10) 資料隱碼(SQL Injection)：將攻擊資料庫的指令藏於查詢命令 SQL 中，以便入侵資料庫系統。
(11) 網頁掛馬：設立惡意網站吸引使用者，只要瀏覽該網站就可能會被植入木馬程式或間諜軟體。
(12) 零時差攻擊(Zero Day Attack)：攻擊者事先取得軟體進行破解，針對軟體漏洞進行攻擊。
(13) 跨站腳本攻擊(XSS)：攻擊者入侵網站伺服器並植入惡意網頁程式，讓使用者瀏覽網頁時受到不同程度的影響。
(14) 網路釣魚(Phishing)：仿製知名網站登錄頁面，誘使使用者登入，騙取使用者的帳號、密碼。
(15) 社交工程(Social Engineering)：利用各種社交手段，如：套用關係、冒充權威人士等來降低他人戒心，趁機騙取他人資料。
(16) 勒索軟體(Ransomware)：屬於木馬程式，感染後會加密檔案或鎖住電腦系統，使受害者無法開啟使用，必須付清贖金才能解密檔案或解鎖電腦。

( ) 1. 羅賓發現位於歐哈拉的電子圖書館中的一部分歷史本文資料被銷毀，疑似感染了電腦病毒。請問這類的病毒通常會隱藏在下列哪一個地方？ (A)ROM (B)RAM (C)BUS (D)Cache。

( ) 2. 下列何種電腦病毒大多是利用網路為傳染媒介，此類病毒會寄生在文件、網頁、電子郵件中。病毒進駐電腦系統後會造成網路癱瘓，或竊取機密資料後送出？ (A)巨集型病毒 (B)檔案型病毒 (C)開機型病毒 (D)特洛伊木馬病毒。

( ) 3. 下列哪一項與感染電腦病毒無關？ (A)檔案不能執行 (B)電腦無法正常開機 (C)感染光碟機無法燒錄 (D)破壞硬碟內儲存的資料。

( ) 4. 下列敘述何者正確？ (A)使用防毒軟體可以完全避免病毒攻擊 (B)重要資料最好備份於同一硬碟的不同資料夾內以免損壞 (C)瀏覽網頁仍會有中毒的危險 (D)開啟好友轉寄的電子郵件不會中毒。

( ) 5. 魯夫終於要和世界政府開戰了，不過此次先行使用網路攻擊。如果魯夫要入侵敵人特定主機並從遠端操控，藉此攻擊其他主機或竊取系統資料，他應該使用下列何種攻擊模式？ (A)木馬攻擊 (B)網路蠕蟲攻擊 (C)阻絕攻擊 (D)殭屍網路。

( ) 6. 有關預防感染電腦病毒，減少其所帶來的損失的方法，下列何者並不適當？ (A)下載網路上別人提供的破解軟體 (B)不和他人共用隨身碟 (C)定期更新病毒碼 (D)隨時備份重要的資料。

( ) 7. 下列有關電腦病毒、電腦蠕蟲及特洛依木馬的敘述，何者並不正確？ (A)都是透過網路下載軟體傳播 (B)電腦蠕蟲可自行繁殖及複製 (C)電腦病毒需寄生在別的檔案 (D)特洛伊木馬不會感染給其他檔案。

1	B	2	D	3	C	4	C	5	D	6	A	7	A

單元 30

影像處理

單元名稱	單元內容	106	107	108	109	考題數	總考題數
影像處理	數像處理	0	0	0	0	0	4
	PhotoImpact 操作	1	0	3	0	4	

1. 影像處理

圖像在電腦上編輯、修改的過程。

2. 影像擷取設備

數位相機(DC)、數位單眼相機(DSLR)、數位攝影機(DV)、繪圖板、掃描器。

3. 影像輸出設備

螢幕、印表機及繪圖機。

4. 影像處理軟體

(1) 點陣圖：PhotoImpact(*.ufo)、Photoshop(*.psd)。

(2) 向量圖：Illustrator(*.ai)、CorelDRAW(*.cdr)。

5. 視窗擷取

在 Windows 作業系統中，按鍵盤的 PrintScreen 鍵可將全螢幕畫面擷取至剪貼簿，按 Alt+PrintScreen 鍵則是擷取目前工作視窗。

6. PhotoImpact 常用面板

圖層管理員、選取區管理員、文件管理員、瀏覽管理員、百寶箱、快速指令區、工具設定面板。

7. PhotoImpact 選取工具

選取工具	圖示	顯示效果
標準		建立固定形狀的選取區。
套索		選取不規則形狀的範圍。
魔術棒		選取色彩相近的區域。
貝茲		修改選取區的細部藉以修正選取區的範圍。

※ 選取屬性工具列中的 ＋ 鈕，是以「加入」的方式改變現有的選取區；－ 鈕則是以「減掉」的方式改變現有的選取區。

8. PhotoImpact 繪圖工具

繪圖工具	圖示	顯示效果
路徑繪圖		繪製實心且封閉的幾何向量圖形。
輪廓繪圖		繪製空心且封閉的幾何向量圖形。
線條與箭頭		繪製直線、箭頭或彎曲線條。
路徑編輯		編輯現有的物件路徑，藉由節點的調整，創造新的物件造型。

9. PhotoImpact 剪裁與變形工具

(1) 影像剪裁：可將部分不需要的影像刪除。

(2) 變形工具：可以改變物件大小和旋轉物件的方向。

10. PhotoImpact 相片美化

(1) 移除紅眼：將眼球反射閃光燈後的紅眼消除。

(2) 修容工具與仿製工具：複製近似的材質以修飾不理想處或重製影像。利用 Shift 鍵設定仿製點(仿製中心點是以十字標記)，拖曳游標即可複製。

(3) 色彩填充工具 ：包含單一色彩填充、線形、矩形及橢圓形漸層填充或材質填充。
(4) 色彩選擇工具 ：點選影像上的顏色。
(5) 亮度與對比：選取『相片／光線／亮度與對比』，可以補強亮度，增加亮面與暗面的反差效果。
(6) 色相與彩度：選取『相片／色彩／色相與彩度』，可以更改影像的色相及色彩鮮艷的程度。

11. PhotoImpact **影像特效**

(1) 百寶箱：內建的影像特效，只需幾個簡單的步驟即可完成，有圖庫與資料庫兩部分。
(2) 遮罩：可以製作圖層遮罩。在遮罩模式 下只能用灰階值做編輯，黑色代表透明度為 100%，呈現完全透明的狀態，白色代表透明度為 0%，呈現不透明的狀態。
(3) 智慧型合成：選取『相片／智慧型合成』，可以輕易的合成多張影像。
(4) 網頁元件設計師：功能表『網路』中有元件設計師、背景設計師及按鈕設計師，可輕易完成製作網頁時所需要的網頁元件。

( ) 1. 這次海賊王出任務，用手機拍了一些相片，晃動的海面導致效果不是很好，可利用下列哪一種軟體加以編修？ (A)FrontPage (B)Excel (C)PhotoImpact (D)WinAmp。

( ) 2. 在 Windows 作業系統中，要按什麼鍵來擷取整個螢幕的畫面？ (A)Ctrl+Shift (B)Alt+PrintScreen (C)PrintScreen (D)Ctrl+Alt+Del。

( ) 3. 在 PhotoImpact 中，當基底影像上有多個影像物件時，可以利用下列哪一個面板來管理這些影像物件？ (A)工具箱 (B)檔案總管 (C)百寶箱 (D)圖層管理員。

(　) 4. 在 PhotoImpact 中，按下列工具箱中的哪一個工具鈕，可改變影像物件的大小或方向？ (A) (B) (C) (D)。

(　) 5. 在 PhotoImpact 中，按下列哪一個工具鈕，可在影像中加入文字？(A) (B) (C) (D)。

(　) 6. 在 PhotoImpact 的遮罩模式中，使用下列哪一種色彩可以建立透明的選取區域？ (A)白色 (B)灰色 (C)黑色 (D)紅色。

(　) 7. 愛漂亮的漢考克拍了一張沙龍照，希望能吸引魯夫的注意，把照片上的臉修得光滑透亮，準備放上 FB。請問 PhotoImpact 的哪一項功能可以做到？ (A)白平衡 (B)遮罩 (C)修容工具 (D)智慧型合成。

(　) 8. 漢考克將自己和魯夫的照片合成，想製作成一張復古的紀念照，請問 PhotoImpact 的哪一項功能可以將彩色照片改成復古的單色照片？(A)亮度 (B)彩度 (C)色相 (D)對比。

1	C	2	C	3	D	4	A	5	D	6	C	7	C	8	B

2. (A)Ctrl+Shift：切換中文輸入法
(B)Alt+PrintScreen：擷取工作視窗內容
(D)Ctrl+Alt+Del：開啟「工作管理員」，可結束沒有回應的程式。

計算機概論統一入學測驗模擬試題（三）

單元 21～30

班級：______ 姓名：__________ 座號：_____ 得分

本試卷共 25 題，每題 4 分，共 100 分

( ) 1. 有關 CPU 的敘述，下列何者正確？ (A)位址暫存器(MAR)負責儲存 CPU 下一個要執行的指令位址 (B)時脈週期(Clock Period)指的是時鐘脈衝每秒的次數，單位為 GHz (C)是一種積體電路，64 位元的 CPU 一次可以存取 8Bytes 的資料 (D)將指令週期切割成多個單位，即使第一個指令尚未完成也可開始執行下一個指令稱之為平行處理。

( ) 2. 下列常用傳輸媒體材質的應用何者有誤？ (A)目前有線電視所用的同軸電纜，比雙絞線不易受干擾 (B)傳統式的電話線即是雙絞線材質，所以交談時容易有雜訊產生 (C)光纖目前僅普及於一般獨棟式民宅，是未來趨勢的主流 (D)雙絞線、同軸電纜及光纖三種材質中以光纖的架設成本最高。

( ) 3. 香吉士聽聞有一家新開幕的餐廳很好吃，於是上網購買該餐廳推出的優惠餐券，準備假日時和朋友一起去大快朵頤。請問這種消費方式是屬於電子商務中的何種經營模式？ (A)C2B (B)O2O (C)G2C (D)B2C。

( ) 4. Yahoo! 奇摩拍賣是屬於哪一種型態的電子商務？ (A)C2C (B)B2C (C)C2B (D)B2B。

x=_________("請輸入玩家代碼"，"航海王")

( ) 5. 下列哪一個不是網際網路的服務項目？ (A)E-mail (B)WWW (C)AI (D)FTP。

( ) 6. 航海王來到黃金島，喬巴在島上發現可用來做為醫藥的香草植物，他利用 Illustrator 軟體進行香草植物描繪作業，試問下列何者為喬巴所儲存的檔案？ (A)plant.ai (B)plant.ufo (C)plant.psd (D)plant.cdr。

( ) 7. 下列關於編譯式程式語言的敘述，何者有誤？ (A)當原始程式編譯完成，可產生機器語言的程式 (B)VB、C、Java 都屬於編譯式語言 (C)每次執行時都必須重新編譯 (D)編譯式語言是屬於高階語言的一種。

( ) 8. 香吉士不小心開啟了來路不明的電子郵件附加檔案，結果很不幸的導致線上遊戲的寶物全被盜光了。請問香吉士應該是遇到下列哪一種網路攻擊？ (A)特洛伊木馬(Trojan Horse) (B)網路釣魚(Phishing) (C)阻斷服務攻擊(DoS) (D)跨站指令碼攻擊(XSS)。

( ) 9. 在物件導向的觀念中，下列何者表示某物件的屬性？ (A)吹風機使用 220 伏特電壓 (B)電視播放電影 (C)電腦編譯程式語言 (D)隨身聽播放音樂。

( )10. 魯夫和哥哥艾斯分開了許久，一直無法碰面，幸好能用 Skype 得知彼此的近況。請問 Skype 是哪一種網路服務的應用？ (A)VoIP (B)Blog (C)Telnet (D)BBS。

( )11. 下列何者不是網際網路服務供應商(ISP)？ (A)中華電信 (B)台灣固網 (C)遠傳大寬頻 (D)Yahoo!奇摩。

( )12. 有關 CPU 的指令運作週期或稱為機器週期(Machine Cycle)的執行順序，下列何者正確？ (A)擷取指令→指令解碼→儲存結果→執行指令 (B)擷取指令→指令解碼→執行指令→儲存結果 (C)指令解碼→擷取指令→執行指令→儲存結果 (D)擷取指令→執行指令→指令解碼→儲存結果。

( )13. 在 VB.net 中，將變數宣告成哪一種資料型別所占的儲存空間最大？ (A)Byte (B)Short (C)Integer (D)Long。

( )14. 超級巨星布魯克想要提拔新生代歌手，於是籌備舉辦「海上最優聲」歌唱比賽，並利用 VB 程式語言寫一個計算歌唱比賽成績程式，其中平均分數會有小數位數出現，請問下列哪一個資料型態適合平均分數變數宣告時使用？ (A)Single (B)Integer (C)Long (D)String。

( )15. 魯夫一伙人航向「新世界」希望之路，樂園「魚人島」，他將一路拍攝的冒險影片儲存在雲端空間中，試問下列何者非雲端儲存服務？ (A)iCloud (B)WhatsApp (C)DropBox (D)Google Drive。

(　)16. 魯夫想要將在佐烏島合照中的森林背景去除，剪輯編修合成另一張以遊樂園為背景的合照，請問可以使用下列何種軟體完成？ (A)Windows Media Player (B)PhotoImpact (C)Internet Explorer (D)Gif Animator。

(　)17. 執行下列 Visual Basic 的運算式所得結果為何？ (A)8 (B)5 (C)3 (D)1。

「35 \ 3 ^ 2 Mod 5」

(　)18. 某一中央處理器(CPU)的時脈(Clock)是 3.0GHz，則其中 GHz 是指下列何者？ (A)每秒 100 萬次 (B)每秒 1000 萬次 (C)每秒 1 億次 (D)每秒 10 億次。

(　)19. 下列有關網路硬體設備功能的敘述，何者是錯誤的？ (A)路由器(Router)：找出傳輸資料最佳路徑 (B)IP 分享器：提供多個使用者共用一個網路連線帳號 (C)數據機(Modem)：轉換電話線路的數位訊號與電腦的類比訊號 (D)集線器(Hub)：可連接多個工作站或伺服器。

(　)20. 在 VB 中，執行運算式「15.5 \ 2.5 + 25 ^ 0.5 * (10 + "2") – 20.3 Mod 4.7」的結果為何？ (A)64.7 (B)66.5 (C)68 (D)518。

(　)21. 下列關於虛擬記憶體的敘述，何者錯誤？ (A)虛擬記憶體是將硬碟空間當作主記憶體使用 (B)存取速度高於主記憶體 (C)可用來彌補主記憶體空間不足 (D)存取速度低於快取記憶體。

(　)22. 娜美到航海王網路書店購買一本勵志小說，這是屬於哪一種類型的電子商務交易？ (A)C2B (B)B2C (C)C2C (D)G2B。

(　)23. 下列哪一種操作不會有感染電腦病毒的疑慮？ (A)網路上下載免費軟體 (B)拷貝別人隨身碟中的檔案到自己的電腦 (C)加裝 8GB 的主記憶體 (D)開啟朋友寄來的電子郵件。

(　)24. 安裝防毒軟體光碟時，程式執行載入的順序為？
(A)光碟→DRAM→快取記憶體→CPU
(B)光碟→快取記憶體→DRAM→CPU
(C)CPU→光碟→快取記憶體→DRAM
(D)DRAM→CPU→快取記憶體→光碟。

(　)25. RAM 與 ROM 皆具有下列哪一種特性？ (A)可讀可寫 (B)電源關閉資料不會消失 (C)存取速度高於硬碟 (D)用來暫存資料。

單元 31

主記憶體

單元名稱	單元內容	106	107	108	109	考題數	總考題數
主記憶體	RAM、Cache	1	1	0	1	3	4
	ROM、Flash ROM	1	0	0	0	1	

1. 記憶體分類

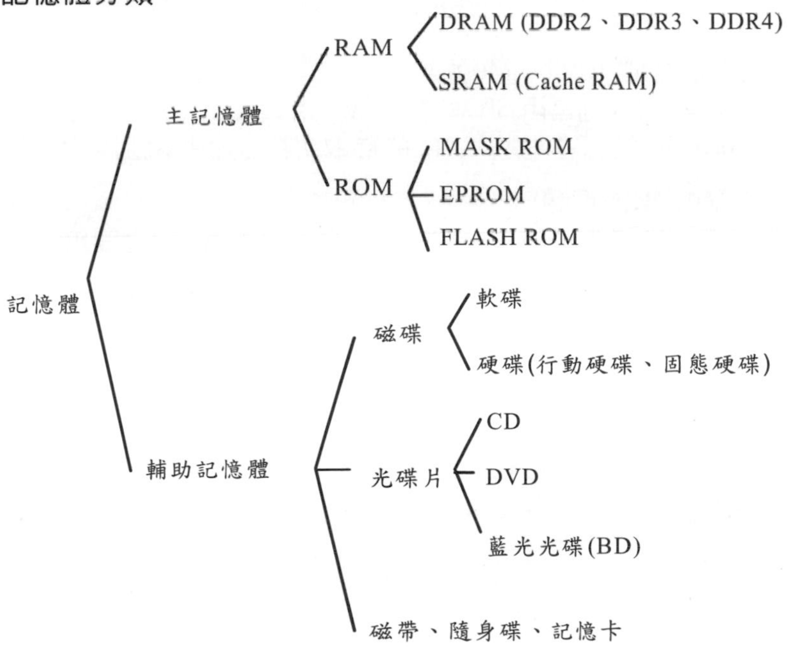

2. RAM(**隨機存取記憶體**)

可讀取及寫入資料，電源消失資料會消失，用來暫存執行中的程式和資料。CPU 要執行程式或存取資料時，必須先載入至 RAM 中。

3. RAM **常見的種類**

種類	DRAM (動態隨機存取記憶體)	SRAM (靜態隨機存取記憶體)
製造元件	電容器	正反器
充電	需週期性充電	不需週期性充電
速度、價格	速度慢、價格低	速度快、價格高
用途	一般個人電腦所指的記憶體 如：DDR2、DDR3、DDR4	快取記憶體(Cache) 如：L1、L2、L3

4. **個人電腦上常用的** DRAM

(1) 有 240pins 的 DDR2、DDR3 和 288pins 的 DDR4。

(2) 存取速度：DDR4 > DDR3 > DDR2。

5. **快取記憶體**(Cache Memory)

存取速度快，通常由 SRAM 所組成，用來存放下一個執行的指令與資料，可減少 CPU 對 DRAM 的存取次數，加快電腦執行速度。

6. ROM(**唯讀記憶體**)

可讀取但不能寫入資料，電源消失資料不會消失，主要用來存放基本輸入輸出系統(BIOS)和開機自我測試程式(POST)。

7. ROM **常見的種類**

種類	Mask ROM	EPROM	Flash ROM
特色	資料已事先寫入無法清除	可重複寫入及清除資料	可重複寫入及清除資料
清除資料方法	無法清除	紫外線曝照	程式修改

8. Flash ROM(Flash Memory，**快閃記憶體**)

具資料可讀可寫(RAM 的優點)及電源消失資料仍會保留(ROM 的優點)的特性，可在電腦開機時透過程式修改。應用於 BIOS、數位相機及行動裝置記憶卡、隨身碟等。

( ) 1. 娜美在學校的計概課程中學到了有關隨機存取記憶體(RAM)的知識之後，老師馬上出個如下有 4 個選項的隨堂測驗，聰明的娜美就到維基百科去查個清楚。試問，下列哪一個說法是正確的？ (A)和 ROM 一樣只能讀取而無法寫入資料 (B)電腦關機後儲存的資料會消失 (C)寫入資料後無法再修改 (D)和電腦整體的效能無關。

( ) 2. 下列敘述何者正確？ (A)可將資料寫入 DRAM，無法將資料寫入 SRAM (B)DRAM 可當作快取記憶體(Cache Memory) (C)電腦電源關閉時 SRAM 的資料不會消失 (D)DRAM 的價格比 SRAM 低。

( ) 3. 電腦賣場所列出的電腦規格 1TB 硬碟 10000 轉、Intel-Core i7-3930K 3.2G、4GB DDR3 中，主記憶體插槽的接腳數為？ (A)72 (B)168 (C)184 (D)240。

( ) 4. 索隆在自家的電腦專賣店前大喊著：「來，來，來，DDR3 跳樓大拍賣，只要裝了它，能夠讓你的設備馬上升級喔，要買要快！！」剛好路過的羅賓心中馬上有了疑問：「到底 DDR3 是什麼東西呢？」 (A)一種電子標籤，使用無線電波作資料訊號傳遞所以稱之為無線射頻識別系統 (B)一種匯流排介面，採用串列傳輸 (C)DRAM 的一種，可用來暫存指令和資料 (D)使用於數位相機或掃描器的感光元件。

( ) 5. 快取記憶體(Cache Memory)具有存取速度快、減少 CPU 對記憶體存取次數增加電腦執行速度的特性，通常其組成的元件為何？ (A)SRAM (B)DRAM (C)Flash Memory (D)硬碟。

( ) 6. 關於唯讀記憶體(ROM)的敘述，下列何者是正確的？ (A)可讀取及寫入資料，電源消失資料會保留 (B)用來儲存執行中的程式和資料 (C)Flash ROM 中的資料可重複寫入及清除 (D)一般個人電腦所稱的主記憶體指的是 ROM。

(　) 7. 有關快閃記憶體(Flash Memory)的敘述，下列何者正確？ (A)是 ROM 晶片的一種，可以用來儲存 BIOS (B)是 ROM 晶片的一種，不可以用來儲存 BIOS (C)是 RAM 晶片的一種，可以用來儲存 BIOS (D)是 RAM 晶片的一種，不可以用來儲存 BIOS。

(　) 8. 儲存在 Flash ROM 的資料，可以如何處理？ (A)可讀不可寫 (B)電源消失資料不會保留 (C)只能儲存圖片 (D)可在電腦開機時透過程式修改。

(　) 9. 數位相機在電源關閉後照片仍會保留，也可以清除，主要是因為使用哪一種材質的記憶體？ (A)硬碟 (B)Flash ROM (C)Cache Memory (D)SRAM。

1	B	2	D	3	D	4	C	5	A	6	C	7	A	8	D	9	B

3. 主記憶體為 4GB DDR3，插槽的接腳數為 240。

單元

32

各類介面與連接埠

單元名稱	單元內容	106	107	108	109	考題數	總考題數
各類介面與連接埠	I/O 連接埠	0	0	1	0	1	3
	各類介面	0	0	0	0	0	
	硬體設備與插槽	1	0	0	0	1	
	電腦操作與保養	0	0	0	0	0	
	BIOS、CMOS	0	0	1	0	1	

1. I／O 連接埠

(1) 連接主機與輸入／輸出的周邊設備。

名　稱	方式	說　明
PS/2	序列	連接 PS/2 規格的鍵盤和滑鼠
序列埠、串列埠 (Serial Port，RS232C)	序列	分為 COM1、COM2，一次傳 1bit，傳輸速度慢，連接滑鼠、撥接數據機

名　稱	方式	說　明
平行埠、並列埠 (Parallel Port)	並列	一般稱為 LPT1，一次傳 1Byte 或多個 Bytes，傳輸速度較序列埠快，通常連接印表機、掃描器
USB (通用序列匯流排) USB 2.0： USB 3.1(Type-A)： USB 3.1(Type-C)：	序列	具有熱插拔(在電腦開機時可安裝或拔除周邊裝置)以及 P&P(Plug&Play)的特性，能提供電源給連接設備充電，廣泛應用於各種電腦周邊。常見的有印表機、掃描器、數位相機、隨身碟、滑鼠、鍵盤、外接式硬碟(光碟機)等
IEEE1394(FireWire) 4Pin　6Pin	序列	具熱插拔及 P&P，能提供充電，用於高速傳輸的周邊，如影音周邊、數位相機、DV 攝影機等
HDMI	序列	影音傳輸介面傳送影音的數位訊號，具熱插拔及 P&P，如藍光影音光碟等
DisplayPort	序列	可連接 1 個以上的螢幕組成電視牆，具熱插拔，主要用來連接螢幕、家庭劇院設備
Thunderbolt 1&2 Thunderbolt 3 (Type-C)	序列	最高連接 6 個周邊設備，具熱插拔，能提供充電。可用來連接螢幕、外接顯示卡、外接式硬碟
RJ-45	序列	連接網路線

(2) 傳輸速度快慢：

Thunderbolt 3（40Gbit/s）＞DisplayPort 1.3（32.4Gbit/s）＞HDMI 2.0(18Gbit/s)＞USB 3.1(10Gbit/s)＞USB 3.0(5Gbit/s)＞IEEE1394b（800Mbps）＞USB 2.0（480Mbps）。

註：USB 3.0 現已更名為 USB 3.1 Gen1。

2. 匯流排(Bus)介面

主機與介面卡溝通的管道，傳輸速度快慢：PCI Express＞AGP＞PCI。

(1) PCI 介面：使用並列傳輸，廣泛使用於各種介面卡，如網路卡、音效卡等。

(2) AGP 介面：使用並列傳輸，只可以安插顯示卡，專門用來傳輸視訊資料。

(3) PCI Express 介面：使用串列傳輸，支援熱插拔，可連接各種介面卡，PCI Express×16 可用來連接顯示卡。

3. 硬碟機、光碟機控制介面

傳輸速度快慢：SATA Express(1600MB/s)＞SAS-3(1500MB/s)＞SCSI Ultra-640(640MB/s)＞SATA 3.0(600MB/s)＞IDE(133MB/s)。

(1) IDE：採用並列傳輸，1 條 IDE 排線最多可連接 2 個周邊設備。

(2) SATA：採用序列傳輸，1 條 SATA 排線只可連接 1 個周邊設備，具熱插拔可直接安裝或移除連接的設備。

(3) eSATA：採用序列傳輸，SATA 介面的外接延伸連接埠，一般是用來連接外接式硬碟，傳輸速度可達 3 Gbps。

(4) SCSI：採用並列傳輸，最多可連接 15 個周邊設備。

(5) SAS(序列式 SCSI)：採用序列傳輸，最多可連接 8 個周邊設備，與 SATA 裝置相容。

4. 各類介面可連接的周邊裝置個數

USB(127 個)＞IEEE 1394(63 個)＞SCSI(15 個)＞SAS(8 個)＞IDE(2 個)＞SATA,COM1,COM2,LPT1(1 個)。

5. 常見的介面卡

(1) 音效卡：類比音源訊號與數位音源訊號。

(2) 網路卡：負責網路上傳輸媒體與電腦之間的連接與資料傳輸。

(3) 顯示卡：利用圖形處理晶片將電腦資料呈現在螢幕上。

(4) 磁碟陣列卡(RAID Card)：組合多個硬碟成為一個邏輯磁區，適用於大容量儲存空間、伺服器電腦。

6. 無線傳輸介面

(1) IrDA(紅外線通訊)：使用紅外線傳輸，有傳輸夾角的限制，不能穿透牆壁，常見的傳輸速率是 9.6Kbps～4Mbps；常用於無線滑鼠、無線鍵盤等。

(2) Bluetooth(藍牙)：使用無線電傳輸，沒有傳輸夾角的限制，可以穿透牆壁，傳輸速率約為 1～3Mbps，傳輸範圍約為 10 公尺，常用於 PDA、手機、無線耳機等。

7. 各類硬體設備與相對應插槽或連接埠

硬體設備	可安裝的插槽或連接埠
CPU	CPU 插槽
主記憶體	記憶體插槽
網路卡、音效卡	PCI 擴充槽、PCI Express 擴充槽
顯示卡	AGP 擴充槽、PCI Express×16 擴充槽
軟碟機	FDD 軟碟機插槽
內接式硬碟、光碟機	IDE、SCSI、SATA、SAS
外接式硬碟、光碟機	USB、eSATA、IEEE 1394、Thunderbolt
滑鼠	PS/2、USB、序列埠(COM1,COM2)
鍵盤	PS/2、USB
螢幕	D-sub、DVI、HDMI、Displayport、Thunderbolt
印表機、掃描器	USB、平行埠(LPT1)
數據機	USB、序列埠(COM1,COM2)
數位相機、數位攝影機(DV)	USB、IEEE 1394、HDMI
ADSL 數據機	RJ-45
隨身碟	USB
喇叭、麥克風	音效卡

8. 電腦操作與保養

(1) 須先關閉電源才可拆裝電腦，避免造成硬體故障。

(2) 定期以清潔片或清潔液清洗光碟機讀寫頭。

(3) 避免在光碟機指示燈亮時作抽取光碟的動作。

(4) 避免陽光曝曬，遠離高溫、潮濕，注意防塵，不以濕毛巾擦拭電腦與周邊設備。

9. BIOS(基本輸入/輸出系統，Basic Input/Output System)

(1) 儲存於主機板上 ROM 內的程式，又稱為 ROM-BIOS，電源關閉後資料不會消失。

(2) 可用來設定 CMOS 內容，不能設定螢幕解析度。

(3) 開機自我測試(Power On Self Test)：在作業系統載入前，電腦開機後自動分析和測試系統硬體組態，如 CPU 型號、記憶體大小、磁碟機型式等，比對儲存在 CMOS 中的各項裝置內容是否正確，若有不同會發出警告或停止開機程序。

(4) 若儲存於 Flash ROM 內，可於電腦開機時使用 BIOS 更新程式更改其程式碼。

(5) UEFI(統一可延伸韌體介面)：新一代 BIOS 的替代方案，定義作業系統與韌體之間的軟體介面。

10. CMOS(互補金屬氧化半導體)

(1) 主機板上的硬體裝置，儲存系統日期及時間、軟硬碟和光碟機的型號及大小、開機順序(由硬碟、光碟、USB 儲存設備或網路開機)等電腦系統硬體的設定。

(2) 內容可由 BIOS 更改。

11. MBR(主要開機磁區)

電腦開機後存取硬碟時所讀取的第一個磁區，存放在硬碟的第 0 面，第 0 軌，第 1 磁區(side 0，track 0，sector 1)上。

Line考題！

( ) 1. 喬巴使用數位相機記錄了魯夫與動感超人在全國飛行傘大賽中的精采畫面，比賽結束之後，他想要把相機內的照片放到電腦內。他應該將數位相機透過連接線連接到電腦的哪一種 I/O 連接埠才可以順利完成這項工作？ (A)USB (B)LPT (C)PS/2 (D)COM1。

( ) 2. 下列的連接埠或介面：①PCI ②PCI Express ③USB ④PS/2 ⑤IDE ⑥AGP ⑦IEEE1394b ⑧SATA，同時支援隨插即用及熱插拔功能有幾項？ (A)2 (B)4 (C)5 (D)8。

( ) 3. 各類介面的傳輸速度，下列何者正確？ (A)PCI>SATA3>IDE (B)IDE>SCSI>USB3.1 (C)IEEE1394b>USB3.1>COM1 (D)PCI Express>AGP>PCI。

( ) 4. 下列何者不是主機板上的擴充槽類型？ (A)PCI Express (B)USB (C)IDE (D)SATA。

( ) 5. 使用 DV 攝影機所拍攝的影片，通常經由何種連接埠將檔案傳送至電腦內儲存？ (A)平行埠 (B)序列埠 (C)PS/2 (D)IEEE1394b。

( ) 6. 下列有關 USB(universal serial bus)介面的敘述，何者較不正確？ (A)採用並列傳輸，傳輸速度比 PS/2 介面快 (B)存取速度可達 480Mbps (C)除了提供傳輸，也提供電源給設備使用 (D)部分印表機有提供 USB 介面。

( ) 7. 香吉士從風車村電腦廣場買了電腦硬體回家自己 DIY 組裝，因為沒有事先做功課，自己亂接一通的結果，導致電腦無法使用。以下是他所安裝的硬體與對應的插槽，哪一項是正確的？ (A)硬碟、PCI (B)網路卡、SATA (C)DDR4、IDE (D)顯示卡、PCI Express×16。

( ) 8. 欲在電腦中加裝第二顆硬碟時，該硬碟要連接在主機板上的哪一個介面？ (A)PCI Express (B)SATA (C)PCI (D)記憶體插槽。

( ) 9. 下列何者是錯誤的電腦使用方式？ (A)操作時若硬碟讀取異常，可直接將其從 IDE 插槽中拔除送修 (B)不以濕毛巾擦拭電腦 (C)最好先開啟周邊設備，再啟動電腦主機 (D)每操作一個小時，休息十至十五分鐘，避免眼睛過度疲勞。

( )10.下列敘述何者是正確的？ (A)BIOS 是主機板上的一種晶片組，電源消失資料可以保留 (B)BIOS 可用來設定 CMOS 及螢幕解析度 (C)CMOS 內可設定由光碟或硬碟開機 (D)欲更新 Flash ROM BIOS 內容最好先將電源關閉以免硬體損壞。

1	A	2	B	3	D	4	B	5	D	6	A	7	D	8	B	9	A	10	C

2. 有②③⑦⑧4 種。
7. (A)PCI：網路卡、音效卡；(B)SATA：硬碟、光碟；(C)IDE：硬碟、光碟。
10. (A)BIOS 是程式而非硬體；(B)BIOS 可用來設定 CMOS，無法設定螢幕解析度；(D)可在開機時直接以程式更新 BIOS 內容。

單元 33

網路類別

單元名稱	單元內容	106	107	108	109	考題數	總考題數
網路類別	LAN、MAN、WAN	0	0	0	0	0	3
	電路交換與分封交換	0	0	0	0	0	
	主從式網路及點對點網路	0	0	0	0	0	
	乙太網路	0	0	0	0	0	
	無線網路應用	2	0	1	0	3	

1. 依網路的連接範圍分類

(1) 區域網路(LAN)：高速乙太網路、無線區域網路(WLAN)等。

(2) 都會網路(MAN)：台北市 Wifly 無線寬頻網路。

(3) 廣域網路(WAN)：網際網路(Internet)。

2. 廣域網路各節點間資料傳輸方式

(1) 電路交換：傳輸時建立兩端之間的連接，不需要時則中斷。例如：打電話時撥通後雙方會佔用連接線路。

(2) 分封交換：資料傳送前先分割成若干封包(packet)在網路中個別傳送，透過不同路徑抵達目的地之後，相關封包再組合回原來的資料。例如：網際網路上兩個節點間的通訊。

3. 依網路型態分類

網路型態	主從式網路 Client/Server	點對點網路 Peer to Peer(P2P，又稱對等式網路)
定義	連接在同一網路上的客戶端(Client，或稱工作站)可以分享到伺服器(Server)所提供的網路資源。	網路中沒有特定的伺服器，每台電腦都能將本機的檔案、印表機等資源分享給同一網路上的電腦。
特色	提供服務及共享資源，且可對使用者的帳號及權限做安全方面的控管。	無法集中控管網路資源。
應用	① 網際網路。 ② 以 Windows Server 系列或 UNIX、Linux 為網路作業系統的網路。	① 網際網路。 ② 以 Windows XP/Vista/7/8/10 作業系統所形成的區域網路。 ③ Internet 中檔案分享、即時通訊、群組合作平台、分散式計算等。

4. 乙太網路

(1) 美國電機電子技術工程協會(IEEE)委員會使用 CSMA/CD 技術定義的乙太網路，為區域網路的主流。

(2) 以基頻方式傳送數位訊號。

(3) 乙太網路規格：

100 Base T

100：傳輸速率　Base：傳輸技術　T：傳輸媒體

協定名稱	規格	傳輸速度	傳輸媒體	網路佈線
802.3 乙太網路 Ethernet	10 Base5 10 Base2	10 Mbps	同軸電纜	匯流排
	10 BaseT	10 Mbps	雙絞線	星狀
802.3u 高速乙太網路 Fast Ethernet	100 BaseTX	100 Mbps	雙絞線	星狀
	100 BaseFX	100 Mbps	光纖	星狀

協定名稱	規格	傳輸速度	傳輸媒體	網路佈線
802.3z 超高速乙太網路 Gigabit Ethernet	1000BaseCX	1000 Mbps (1 Gbps)	雙絞線	星狀
	1000BaseSX/LX		光纖	星狀
10G 超高速乙太網路 10 Gigabit Ethernet	10GBaseT	10Gbps	雙絞線	星狀
	10GBase-SR/LR		光纖	

5. FTTx

指的是以光纖連線作為網路連線的最後一哩，有 FTTH(Fiber To The Home，光纖到府)、FTTB(Fiber To The Building，光纖到建築)、FTTC(Fiber To The Curb，光纖到路邊)等類型。

6. 無線區域網路(WLAN)

(1) 採用無線電波傳輸的乙太網路技術，比紅外線有較佳的障礙物穿透力。

(2) Wi-Fi 標籤：由 Wi-Fi Alliance(非營利的國際組織)根據 IEEE 802.11 規格對無線通訊網路產品作互通性的認證。

(3) 無線基地台(AP)：無線區域網路橋接器，用來接收無線區域網路卡所傳送的訊息，做為無線與無線網路設備，或無線與有線網路設備連接的轉接設備。

(4) 各種形式的 802.11 協定：

協定名稱	802.11b	802.11a	802.11g	802.11n	802.11ac
使用電磁波頻率	2.4GHz	5.8GHz	2.4GHz	2.4GHz 5GHz	5GHz
最大傳輸率	11Mbps	54Mbps	54Mbps	600Mbps	6.93Gbps

7. 行動網路

(1) 3G：第 3 代行動電話技術，使用分封交換技術，理論上最大的傳輸率是 2Mbps，演進世代包含 3G、3.5G 及 3.75G。

(2) 4G WiMAX：使用 IEEE 802.16 乙太網路協定，採用無線電波傳輸。最高傳輸速率達 70Mbps，最大傳輸範圍約 50 公里，屬於無線寬頻網路。

(3) 4G LTE：透過修改 3G 手機基地台跟無線網路的技術，最高傳輸速率達 100Mbps，可藉由 3G 網路的覆蓋率擴大服務範圍，屬於無線寬頻網路。

(4) 4.5G LTE-A(Advanced)：LTE 進階版，簡稱 LTE-A(俗稱 4.5G)，資料傳輸速率更高。

8. 藍牙(Bluetooth)

一種無線通訊技術，使用的無線電波具穿透力，無接收角度的限制，應用廣泛，例如：筆記型電腦、PDA、手機、無線耳機等。

9. Ir(紅外線通訊)

使用紅外線傳輸，不能穿透牆壁、有傳輸夾角限制，常用於筆記型電腦、PDA 等。

10. RFID(無線射頻識別系統，Radio Frequency Identification)

(1) 包含讀取機(RFID Reader)和電子標籤(RFID Tag)，使用無線電波傳送識別資料，透過識別晶片識別和管理資料的辨識系統。

(2) 電子標籤體積小、可重複讀寫，用途廣泛。例如：取代條碼做商品管理、悠遊卡、高速公路電子收費系統(ETC，採用 eTag 電子標籤)、交通運輸貨物管理、門禁管制、動物晶片…等。

11. NFC(近場通訊，Near Field Communication)

(1) 短距離的無線通訊，有效距離約 20 公分。

(2) 可近距離進行非接觸式點對點通訊，例如：手機電子錢包、交通卡、門禁卡…等。

(　) 1. 魯夫、喬巴、娜美、索隆和紅髮傑克都是鋼鐵人的粉絲，因此他們常常會透過點對點(Peer to Peer)網路來交換有關鋼鐵人的音樂及影片。下列有關點對點網路敘述，何者不正確？　(A)可以集中控管網路資源　(B)不需特定的帳號和密碼即可使用　(C)每台電腦都能將自己的檔案分享給同一網路上的電腦　(D)沒有特定的伺服器。

(　) 2. 網際網路(Internet)是依據下列哪一種資料交換技術來運作？ (A)數位整合資料交換 (B)電路交換 (C)分封交換 (D)訊息交換。

(　) 3. 關於分封交換(Packet Switching)的敘述，何者不正確？ (A)資料傳送前會分割成若干封包 (B)分封交換可彈性機動選擇資料傳送的路徑 (C)適用於通信使用時間較分散的用戶 (D)封包會同時抵達目的地。

(　) 4. 以下何者為主從式架構的優點？ (A)只適合小型網路 (B)沒有特定的伺服器 (C)軟硬體成本低 (D)提供使用帳號及使用權限管理。

(　) 5. 下列有關乙太網路的敘述，何者錯誤？ (A)又稱為 Ethernet (B)以基頻方式傳輸 (C)10BASE-T 是其中一種規格，使用同軸電纜 (D)由 IEEE 定義於 802.3 協定。

(　) 6. 在台灣的機場或麥當勞可以使用自備的手提電腦上網，請問下列對於該技術的敘述何者不恰當？ (A)該技術稱為無線區域網路，英文簡稱 WLAN (B)無需任何 IP 便可使用該技術連線上網 (C)手提電腦需具備無線網卡 (D)所使用的協定是各類 802.11 協定。

(　) 7. 無線傳輸應用日益普及，下列關於無線傳輸的敘述，何者不恰當？ (A)手機上網下載遊戲或音樂是 3G 或 Wi-Fi 的應用 (B)ETC(高速公路電子收費)可使用紅外線傳輸技術，但訊號易受車速與天候狀況等影響 (C)藍牙(Bluetooth)科技普遍應用在衛星通訊領域中 (D)無線區域網路有傳輸範圍限制。

(　) 8. 航海王中的魯夫、香吉士等一行人在茫茫大海中進入了時光隧道另一端的 21 世紀，恰巧來到了蟹老闆的店，那是個網路暢行的時代。所有人的生活幾乎都脫離不了網路，蟹老闆也趁機告訴他們一些和網路相關的知識與應用，讓魯夫等人聽的是目瞪口呆。蟹老闆說道：

① 我的店內部網路是 LAN 的應用

② 銀行跨行提款屬於 WAN 的應用

③ 在這個海底社區可建構無線區域網路分享資源並上網

④ 乙太網路和網際網路都屬於 WAN 的應用

身為 21 世紀的你認為蟹老闆所說的 4 點中，有幾項是不正確的？ (A)4 (B)3 (C)2 (D)1。

(　) 9. 下列何種無線網路是採用 IEEE 802.16 通信協定，可以提供高頻寬及約 50 公里的長距離資料傳輸？ (A)WiMAX (B)Bluetooth (C)RFID (D)Wi-Fi。

(　)10.在區域網路中，100BaseT、1000BaseCX 是常見的規格，試問下列敘述何者正確？ (A)數字 1000 指的是 1000Bytes (B)Base 指的是網路基礎架構 (C)T 指的是傳輸時間 (D)數字 100 指的是 100Mbps。

1	A	2	C	3	D	4	D	5	C	6	B	7	C	8	D	9	A	10	D

3. (D)封包在網路中個別傳送，透過不同路徑抵達目的地之後，相關封包再組合回原來的資料，封包不一定會同時抵達目的地。
5. (C)10BASE-T 使用雙絞線。
7. (C)藍牙科技是一種無線通訊技術多應用於電腦周邊、行動電話、及其他家電用品。
8. ④乙太網路屬於 LAN(區域網路)，網際網路屬於 WAN(廣域網路)。
10. (A)數字 1000 指的是 1000Mbps。(B)Base 指的是網路架構使用的傳輸技術，Base 表示基頻。(C)T 指的是雙絞線。

單元 34

電腦演進及分類

單元名稱	單元內容	106	107	108	109	考題數	總考題數
電腦演進及分類	電腦演進過程	0	2	0	0	2	3
	電腦的分類	0	0	1	0	1	

1. 電腦演進過程

依所使用的電子元件劃分：

世代	電子元件
第一代	真空管
第二代	電晶體
第三代	積體電路(IC)
第四代	超大型積體電路(VLSI)

2. 電腦的分類

依速度、價格及功能分類：

分　　類	說　　　　明
超級電腦	適用於高科技研究，如氣象局、國防部
大、中、小型電腦	常用於大型企業或學校
迷你電腦、工作站	常用於中小型企業、網路伺服器(Server)
微電腦	個人電腦，如桌上型、筆記型、掌上型、平板式電腦
嵌入式電腦	經常使用在翻譯機、電子錶、行動電話上的特殊用途

3. 個人電腦(PC)

屬於第四代電腦、微電腦，開始使用微處理器。

4. 行動裝置

(1) 智慧型手機(Smart Phone)：結合照相、上網、個人數位助理、媒體播放器等多功能的手機，常用的作業系統有 iOS「10」、Android「」、Windows Phone「Windows Phone」等。

(2) 平板電腦：以輕、薄，方便攜帶為訴求的行動電腦，利用觸控式螢幕作為基本的輸入裝置。

(　) 1. a.超大型積體電路　b.電晶體　c.真空管　d.積體電路　四種電子元件中，依據電子計算機的演進過程排列順序，下列何者是正確的？ (A)a,b,c,d　(B)c,b,a,d　(C)d,c,b,a　(D)c,b,d,a。

(　) 2. 下列關於電腦演進的敘述，哪一個是不正確的？　(A)依使用的電子元件劃分為四代　(B)因為執行速度越來越快，所以電腦體積越來越輕薄短小　(C)美國蘋果電腦公司的 iMac 屬於第四代電腦　(D)手機上所使用的為特殊用途的嵌入式電腦。

(　) 3. 筆記型電腦具有方便攜帶的特性，是屬於哪一種類型的電腦？　(A)迷你電腦　(B)小型電腦　(C)微電腦　(D)嵌入式電腦。

(　) 4. 女帝漢考克想將她的女人島建設成為一個數位寬頻網路王國，但是因為經費不太足夠，因此她適合採用下列哪一種電腦來做為網路伺服器(Server)？　(A)超級電腦　(B)迷你電腦　(C)大型電腦　(D)嵌入式電腦。

(　) 5. 下列哪一個不屬於電腦硬體設備？　(A)Smart Phone　(B)Android (C)iPad　(D)PC。

(　) 6.魯夫居無定所，喜歡四處趴趴走，請問下列哪一種設備並不適合魯夫？ (A)智慧型手機　(B)桌機　(C)平板電腦　(D)筆電。

1	D	2	B	3	C	4	B	5	B	6	B

單元 35

陣列

單元名稱	單元內容	106	107	108	109	考題數	總考題數
陣列	陣列	0	1	1	0	2	2

1. 一維陣列

```
Dim 陣列名稱(N) [As 資料型態]
```

(1) 資料型態省略不寫時，視為不定型態(Object)。

(2) N 為陣列註標的最大值，因註標值從 0 開始，其陣列元素共有 N+1 個。

例如：DIM A(10)　　　　　陣列元素 10+1=11 個。

(3) 宣告一維陣列初始值，不需設定陣列最大註標值。

Dim 陣列名稱() [As 資料型態]={陣列元素 0,陣列元素 1,…,最後陣列元素}

例如：Dim A() As Integer={5,10,15}，

表示 A(0)=5、A(1)=10、A(2)=15。

2. 二維陣列

```
Dim 陣列名稱(M,N) [As 資料型態]
```

(1) Dim A(M,N)的陣列元素個數為(M+1)×(N+1)。
例如：Dim A(2,3)陣列元素的個數為(2+1)×(3+1)＝12 個。

A(0,0)	A(0,1)	A(0,2)	A(0,3)
A(1,0)	A(1,1)	A(1,2)	A(1,3)
A(2,0)	A(2,1)	A(2,2)	A(2,3)

(2) 多維陣列以此類推。
例如：Dim A(2,3,5)陣列元素個數為(2+1)×(3+1)×(5+1)
＝72 個。

(3) 宣告二維陣列初始值：
Dim 陣列名稱(,) [As 資料型態]＝{{第一維初始值},{第二維初始值}}
例如：Dim A(,) As Integer＝{{1,3},{2,4}}，
表示 A(0,0)＝1、A(0,1)＝3、A(1,0)＝2、A(1,1)＝4。

3. 陣列資料的處理

```
Dim A(3,2) As Integer
For i = 0 To 3
  For j = 0 To 2
     A(i,j) = i^j
  Next j
Next i
```

陣列執行結果：A(1,2)=1,A(2,2)=4,A(3,2)=9

說明：

(1) A(1,2) ＝ 1 ^ 2 ＝ 1
(2) A(2,2) ＝ 2 ^ 2 ＝ 4
(3) A(3,2) ＝ 3 ^ 2 ＝ 9

(　) 1. 魯夫一行五個人在一個小島上意外的發現了一箱金幣，利用下列 VB 程式將其分為五份，請問最後陣列 a(1)~a(5)的值為何？
(A)36　12　33　21　50　(B)50　21　33　12　36
(C)50　36　33　21　12　(D)12　21　33　36　50。

```
Dim a()As Integer = {36,12,33,21,50}
Dim i, j, y As Integer
For i = 1 To 4
  For j = 1 To 5-i
    If a(j) > a(j+1) Then
      y=a(j):a(j)=a(j+1):a(j+1)=y
    End If
  Next j
Next i
```

(　) 2. 一個二維陣列 A(3,4)，請問其陣列元素共有多少個？　(A)12　(B)20　(C)7　(D)9。

(　) 3. 執行下列 VB 程式片段，陣列 c(3)的值為何？　(A)5　(B)11　(C)18　(D)21。

```
Dim c(6)
Sum = 3
For k = 1 To 6
  Sum = Sum + k
  c(k) = Sum * 2
Next k
```

(　) 4. 執行下列 VB 程式片段，陣列 D 中有多少個元素值為「15」？ (A)1 (B)2 (C)3 (D)4。

```
Dim D(5, 3) As Integer
For x = 1 To 5
  For y = 1 To 3
    D(x, y) = 2 * (x + y) + 3
  Next y
Next x
```

(　) 5. 執行下列 VB 程式片段，陣列 b(3)的值為何？ (A)4 (B)16 (C)25 (D)36。

```
Dim b(6)
b(1) = 2
For k = 2 To 6
  b(k) = b(k-1)^2
Next k
```

(　) 6. 執行下列 VB 程式片段，陣列 a(0)~a(10)的值為何？

(A)0 1 1 2 3 5 8 13 21 34 55
(B)0 2 4 6 8 10 12 14 16 18 20
(C)0 1 2 4 6 8 10 12 14 16 18
(D)0 1 2 3 4 5 6 7 8 9 10。

```
Dim a(10) As Integer
a(0)= 0:a(1)= 1
For i = 2 To 10
  a(i) = a(i-2) + a(i-1)
Next i
```

1	D	2	B	3	C	4	C	5	B	6	A

1. 此段程式為氣泡排序法，排列順序為由小到大。

3. 當 k=3 時，sum=3+(1+2+3)=9，所以 c(3)=9×2=18。

4. 2×(x+y)+3=15，x+y =6，D(x,y)=15 的情形有 D(3,3)、D(4,2)、D(5,1)三個。

5. b(2)=b(2-1)^2=b(1)^2=2^2=4，b(3)=b(3-1)^2=b(2)^2=4^2=16。

6. a(0)=0，a(1)=1，a(2)=a(0)+a(1)=1，a(3)=a(1)+a(2)=2…a(10)=a(8)+a(9)=55。

單元 36

資料通訊

單元名稱	單元內容	106	107	108	109	考題數	總考題數
資料通訊	單工、半雙工、全雙工	0	0	0	0	0	2
	並列傳輸、序列傳輸	0	0	0	0	0	
	基頻網路、寬頻網路	0	0	0	0	0	
	傳輸速率	0	0	0	0	2	

1. 資料通訊方式的分類

(1) 依傳輸方向：

項目	特性	應用
單工傳輸	單方向傳輸資料	廣播、電腦將列印資料送到印表機、鍵盤輸入資料到電腦
半雙工傳輸	雙方向傳輸資料，但同一時刻只能單向傳輸	無線電通話機、傳真機、電腦和 SATA 連結裝置之間傳輸資料
全雙工傳輸	同時可雙方向傳輸資料	電話、手機、數據機、二部電腦之間傳輸資料

(2) 依傳輸方式：

項目	特性	應用
序列傳輸 (Serial)	①一次只傳輸一個位元(bit)。 ②傳輸速率較慢，成本較低，適合遠距離傳輸。	IEEE 1394、USB、HDMI、SATA、PCI-E、RS-232 介面(COM1、COM2 埠)、PS/2、電腦網路傳輸
並列傳輸 (Parallel)	①一次同時傳輸數個位元。 ②傳輸速率快，但因線路多，成本高，適合短距離傳輸。	以 LPT1 埠連接的印表機、主機板上的資料、位址及控制匯流排

(3) 依傳輸訊號：

類別	訊號	特色	實例
基頻網路	數位	傳輸時佔用整個頻道，同一時間只能傳輸一種信號。	區域網路中以雙絞線等為傳輸媒體的乙太網路
寬頻網路	類比	傳輸時用分頻多工(FDM)技術，切割成多個頻道。	ADSL、有線電視業者網路(CATV Network)

2. 傳輸速率

(1) 網路頻寬(Bandwidth)：同一時間內網路線所能傳輸的資料量，頻寬越大則傳輸速率越快。

(2) 單位：bps(位元/秒，bit per second)，每秒能傳輸的位元數。

單位	傳輸速率
bps	每秒傳送位元數
Kbps	1 Kbps = 10^3 bps = 1000 bps
Mbps	1 Mbps = 10^6 bps
Gbps	1 Gbps = 10^9 bps

3. 常見的電腦網路傳輸速率：

<table>
<tr><th colspan="2">類型</th><th colspan="2">規格</th><th>傳輸速率</th></tr>
<tr><td rowspan="8">有線網路</td><td rowspan="3">區域網路</td><td colspan="2">乙太網路(Ethernet)</td><td>10 Mbps</td></tr>
<tr><td colspan="2">高速乙太網路
(Fast Ethernet)</td><td>100 Mbps</td></tr>
<tr><td colspan="2">超高速乙太網路
(Gigabit Ethernet)</td><td>1000 Mbps
(1 Gbps)</td></tr>
<tr><td rowspan="5">廣域網路</td><td colspan="2">ADSL</td><td>下載/上傳：(下載較快)
2M/64K、5M/384K、8M/640K</td></tr>
<tr><td colspan="2">T1 數據專線</td><td>1.544Mbps</td></tr>
<tr><td colspan="2">E1 數據專線</td><td>2.048Mbps</td></tr>
<tr><td colspan="2">T3 數據專線</td><td>45Mbps</td></tr>
<tr><td colspan="2">T4 數據專線</td><td>274Mbps</td></tr>
<tr><td rowspan="8">無線網路</td><td rowspan="4">區域網路</td><td rowspan="4">Wi-Fi</td><td>802.11b</td><td>11 Mbps</td></tr>
<tr><td>802.11a/g</td><td>54 Mbps</td></tr>
<tr><td>802.11n</td><td>600 Mbps</td></tr>
<tr><td>802.11ac</td><td>6.93 Gbps</td></tr>
<tr><td rowspan="4">廣域網路</td><td>3G</td><td colspan="2">下載 384Kbps，上傳 64Kbps</td></tr>
<tr><td rowspan="2">4G</td><td>WiMAX
(802.16)</td><td>70Mbps</td></tr>
<tr><td>LTE</td><td>100Mbps</td></tr>
<tr><td>4.5G</td><td>LTE-A
Advanced</td><td>1Gbps</td></tr>
</table>

(　) 1. 以資料傳輸的方式而言，寬頻網路是屬於下列哪一種？ (A)單工傳輸 (B)半雙工傳輸 (C)全雙工傳輸 (D)並列傳輸。

(　) 2. 印表機以 25 pin 的 LPT1 埠連接至電腦主機，其資料傳輸方式為何？ (A)序列傳輸　(B)並列傳輸　(C)全雙工傳輸　(D)半雙工傳輸。

(　) 3. 下列哪一個是電腦網路的傳輸速率單位？　(A)BPS　(B)PPM　(C)RPM　(D)MIPS。

(　) 4. 下列哪一個網路傳輸速率最快？　(A)56000bps　(B)640Kbps　(C)12Mbps　(D)1Gbps。

(　) 5. 關於通訊傳輸，下列何者屬於「並列傳輸」？　(A)網路卡　(B)數據機　(C)USB 介面的周邊設備　(D)連接硬碟的 IDE 介面。

(　) 6. 娜美在「神之島」阿帕亞多利用 ADSL 寬頻網路連上網際網路，已知其傳輸速率為 8M/640K，下列敘述何者錯誤？　(A)上傳速率每秒 80KBytes　(B)下載速率每秒 8Mbits　(C)下載速度快過上傳速度　(D)下載 4MB 的檔案約需時 40 秒。

(　) 7. 紅髮傑克想要以 9600bps 的傳輸速率傳輸十萬個 Unicode 英文字給遠在魚人島的魯夫，約需花多少分鐘？　(A)1　(B)3　(C)6　(D)9。

(　) 8. 下列對於常見網路及其傳輸速率的描述，何者不正確？　(A)高速乙太網路的傳輸媒介為雙絞線，傳輸速率可達每秒 100Mbits　(B)T3 數據專線應用於廣域網路，傳輸速率可達 45Mbps　(C)無線區域網路最高傳輸速率為 11Mbps　(D)ADSL 數據機負責做數位和類比訊號的轉換，下載比上傳的速率快。

1	C	2	B	3	A	4	D	5	D	6	D	7	B	8	C

6. (D)(4M×8 bits) / 8M bits ≒ 4 秒。
7. Unicode 的編碼使用 2 Bytes，故 (100000×2×8) / 9600 ≒ 167 秒。
8. (C)無線區域網路傳輸速率為 11Mbps、54Mbps 甚至更高。

單元 37

電腦記憶和時間單位

單元名稱	單元內容	106	107	108	109	考題數	總考題數
電腦記憶和時間單位	電腦記憶和時間單位	0	0	1	1	2	2

1. 電腦記憶單位

容量單位	換算公式
bit(位元)	電腦儲存資料的最小單位，只有 0/1 兩種
Byte(位元組)	1 Byte = 2^3 bits = 8 bits
KB(仟位元組)	1 KB = 2^{10} Bytes = 1024 ≒10^3 Bytes
MB(百萬位元組)	1 MB = 2^{20} Bytes = 1024×1024 ≒10^6 Bytes
GB(十億位元組)	1 GB = 2^{30} Bytes ≒10^9 Bytes
TB	1 TB = 2^{40} Bytes ≒10^{12} Bytes
PB	1 PB = 2^{50} Bytes ≒10^{15} Bytes
EB	1 EB = 2^{60} Bytes ≒10^{18} Bytes

2. 不同記憶單位之間的轉換
熟記以下的記憶單位轉換公式：

	$2^{-3}=\frac{1}{8}$		$2^{-10}=\frac{1}{1024}$		2^{-10}		2^{-10}		2^{-10}		2^{-10}	
bit	⇄	Byte	⇄	KB	⇄	MB	⇄	GB	⇄	TB	⇄	PB
	$2^3=8$		$2^{10}=1024$		2^{10}		2^{10}		2^{10}		2^{10}	

例：(B)一部 500 GB 的硬碟，其容量相當於？ (A)500×2^{23}bits (B)500×2^{20}KB (C)500×2^{40}Bytes (D)500×2^{10}TB。

解：$500\text{GB}=500\times2^{10}\text{ MB}$

$=500\times2^{10}\times2^{10}=500\times2^{20}\text{ KB}$

$=500\times2^{10}\times2^{10}\times2^{10}=500\times2^{30}\text{ Bytes}$

$=500\times2^{10}\times2^{10}\times2^{10}\times2^{3}=500\times2^{33}\text{bits}=500\times2^{-10}\text{TB}$

3. 時間單位

單位	換算公式
ms(毫秒)	$1\text{ms}=10^{-3}$ s(秒)
μs(微秒)	$1\mu\text{s}=10^{-6}$ s
ns(奈秒)	$1\text{ns}=10^{-9}$ s
ps(披秒)	$1\text{ps}=10^{-12}$ s

4. 不同時間單位之間的轉換
熟記以下的時間單位轉換公式：

	10^3		10^3		10^3		10^3	
s(秒)	⇄	ms(毫秒)	⇄	μs(微秒)	⇄	ns(奈秒)	⇄	ps(披秒)
	10^{-3}		10^{-3}		10^{-3}		10^{-3}	

例：(C)電腦的時間單位 1μs 和下列哪一項相同？ (A)1s (B)10^3ms (C)10^6ps (D)10^{-3}ns。。

解：$1\mu\text{s} = 10^{-6}\text{ps} = 10^{-3}\text{ms} = 10^6\text{ps} = 10^3\text{ns}$

( ) 1. 電腦記憶單位容量何者最小？ (A)GB (B)KB (C)bit (D)Byte。

( ) 2. 妮可老師為了加深同學們對電腦記憶體容量單位的瞭解，她將容量單位製作成了 4 張牌：①TB ②KB ③MB ④GB，請魯夫同學由大而小依序排列，魯夫應該如何擺放才是正確的呢？ (A)①②③④ (B)①④③② (C)③①④② (D)④①③②。

( ) 3. 記憶容量 512KB 是 2 的幾次方 GB？(A)-10 (B)-11 (C)10 (D)29。

( ) 4. 下列有關電腦記憶體容量單位的敘述，何者是正確的？ (A)bit 是電腦中最小的記憶體容量單位，有 0,1,-1 三種 (B)一部 5TB 的硬碟容量為 500×2^{20} Bytes (C)$1KB=2^{10}$bits (D)1GB=1024MB。

( ) 5. 索隆的數位相機中有一張 8GB 的記憶卡，最多可以拍攝每張 2MB 的照片多少張？ (A)4000 (B)5000 (C)3000 (D)6000。

( ) 6. 電腦的執行時間單位通常用 ms、ps、ns、μs 來表示，這四種單位由小到大的排列為： (A)ps<μs<ms<ns (B)μs<ms<ns<ps (C)ps<ns<μs<ms (D)ms<μs<ns<ps。

( ) 7. 電腦常用的時間單位有毫秒(ms)、微秒(μs)及奈秒(ns)，請問 10 奈秒等於多少秒？ (A)10^{-9} (B)10^{-8} (C)10 (D)10^{9}。

1	C	2	B	3	B	4	D	5	A	6	C	7	B

3. $512KB = 2^{9}\times2^{-20}\ GB = 2^{-11}GB$。

5. $8GB/2MB = (8\times2^{10})/2 = (8\times1024)/2 = 4096$。

7. 10 奈秒 $= 10\times10^{-9} = 10^{-8}$ 秒。

單元 38

基本工具軟體的操作

單元名稱	單元內容	106	107	108	109	考題數	總考題數
基本工具軟體的操作	基本工具軟體的操作	1	0	0	1	2	2

1. PDF 文件軟體

(1) PDF(可攜式文件格式)，屬於開放文件格式，可跨平台檢視，具有良好的可攜性。

(2) 不需安裝原始文件的字型，可保留文件原有的格式提供閱讀。

(3) 可在 PDF 文件中設定密碼保護、加上數位簽名、限制檢視、列印、編輯和複製文件等功能，增加文件安全性和可靠性。

(4) PDF 閱讀軟體：只能用來檢視和列印，如：Adobe Reader。

(5) PDF 編輯軟體：提供檢視、編輯、合併、加入數位簽名或轉存成不同格式的檔案(如 .JPG 圖形檔)等功能，如：Adobe Acrobat。

2. 壓縮軟體

(1) 使用不失真的壓縮方式將檔案或資料夾變成壓縮檔，以縮小檔案儲存空間，節省網路傳輸時間；解壓縮時可以將壓縮檔還原。

(2) 常見的壓縮軟體：WinRAR、WinZip、7-Zip 等。

(3) 提供密碼設定、資料加密、分片壓縮和檔案註解等功能。

(4) 自我解壓縮檔(*.EXE)：可在沒有壓縮軟體環境下執行解壓縮。

3. 燒錄軟體

(1) 將資料燒錄至 DVD、藍光光碟(BD)中。

(2) 光碟映像檔：將磁碟和原始光碟中的大量資料以副檔名為 iso、img、nrg、cue 等檔案格式儲存，方便備份或傳送。

(3) 常見的燒錄軟體：NERO、CloneCD、CDBurnerXP 等。

4. 即時通訊軟體

(1) 可透過網路和朋友進行即時的文字、語音或影像通訊、傳送檔案、留言等。

(2) 常見的即時通訊軟體：Skype、Line、WhatsApp、WeChat、Facebook Messenger 等。

(　) 1. 航海王一行人來到了威士忌山峰，魯夫收到一封來自羅格鎮友人寄來的 e-mail，信中夾帶了一個名為「no6.pdf」的檔案，試問下列哪一個軟體可以正確開啟並閱讀這個檔案？ (A)Word (B)Adobe Reader (C)記事本 (D)Windows Media Player。

(　) 2. 多才多藝的騙人布在長環島收集了許多當地的 mp3 檔案，試問下列哪一個軟體可以開啟並播放這種類型的檔案？ (A)7-Zip (B)小畫家 (C)Adobe Acrobat (D)RealPlayer。

(　) 3. 對於 WinRAR 的描述，何者有誤？ (A)可產生自我解壓縮檔，不需安裝解壓縮軟體也可進行解壓縮 (B)壓縮時可以設定密碼 (C)無法解壓縮檔案到指定的磁碟位置中 (D)採用不失真的壓縮方法壓縮檔案。

(　) 4. 下列哪一項可以利用即時通訊軟體來完成？ (A)檔案傳送 (B)影像編輯 (C)文書排版 (D)影音編輯。

(　) 5. 燒錄軟體通常會提供下列哪一種功能？ (A)在影音檔案中加入文字和聲音旁白 (B)抹除可覆寫光碟 (C)將檔案壓縮成 ZIP 的格式 (D)格式化隨身碟。

1	B	2	D	3	C	4	A	5	B

資料處理方式

單元名稱	單元內容	106	107	108	109	考題數	總考題數
資料處理方式	資料處理方式	1	0	0	1	2	2

1. 資料處理的方式

方式	說　明	實　例
批次處理	一次處理完畢，適合大量且不具時效性的資料	水電費帳單、電腦閱卷、全民公投
即時處理	立即處理及回應，適合具時效性的資料	火車及飛機訂位購票、自動櫃員機、核能安全監控
分時處理	輪流使用 CPU，同時進行數個資料處理	使用電腦同時上網及聽音樂
交談式處理	採用問答的方式逐步完成資料處理	自動櫃員機、圖書館藏書查詢
集中式處理	集中在某一部電腦處理資料	網路線上題庫測驗系統
分散式處理	由分散各地的電腦處理資料	單機題庫測驗，再將結果傳送至主機處理
連線處理	處理過程隨時保持連結的狀態	電腦與數據機連線
離線處理	處理過程未保持連結的狀態	離線瀏覽儲存在電腦中的網頁

(　) 1. 羅賓在電腦教室中連結至老師網站上的線上題庫系統進行線上測驗，完成後會立即顯示成績及全班排名，這種資料處理方式不屬於下列哪一種？ (A)連線處理 (B)離線處理 (C)即時處理 (D)集中式處理。

(　) 2. 布魯克將在台北小巨蛋舉辦跨年演唱會，歌迷可在網路上預購門票，請問此種購票方式是採用下列何種作業處理？ (A)即時處理 (B)整批處理 (C)離線處理 (D)平行式處理。

(　) 3. 娜美剛收到上個月在百貨公司刷卡消費的信用卡帳單，發卡銀行通常是使用何種方式來處理這部分的資料？ (A)分時處理 (B)即時處理 (C)交談式處理 (D)整批處理。

(　) 4. 香吉士使用電腦播放 MP3 音樂，同時上網查詢料理食譜，請問這是利用作業系統所提供的哪一種作業方式？ (A)連線處理 (B)即時處理 (C)分時處理 (D)分散式處理。

(　) 5. 下列的作業中 a.電腦閱卷 b.網路飛機訂票 c.自動櫃員機 d.上網查詢成績 e.電腦上播放租回來的 BD f.玩線上遊戲，不需要連線即時處理的有幾種？ (A) 1 (B) 2 (C) 5 (D) 0。

1	B	2	A	3	D	4	C	5	B

5. 不需要連線即時處理的有 2 個，分別為 a.電腦閱卷、e.電腦上播放租回來的 BD。

單元 40

函數、副程式

單元名稱	單元內容	106	107	108	109	考題數	總考題數
函數、副程式	函數	0	0	0	0	0	1
	副程式	1	0	0	0	1	

1. VB 2010 內建函數

(1) 數值函數

函數名稱	意　　義	範　　例
Int(X) Math.Floor(X)	取小於或等於 X 的最大整數值	Int(3.6)=3 Int(-3.6)=-4
CInt(X) Math.Round(X)	以四捨六入法取 X 的整數值，若小數為 5，則整數部分為偶數時捨去，奇數時加 1。	Math.Round(3.6)=4 Math.Round(-3.6)=-4 Math.Round(4.5)=4 Math.Round(5.5)=6
Fix(X) Math.Truncate(X)	以無條件捨去法取 X 之整數值	Fix(3.6)=3 Fix(-3.6)=-3
Math.Abs(X)	取 X 的絕對值	Math.Abs(-12)=12
Math.Sqrt(X)	取 X 的平方根	Math.Sqrt(16)=4
Math.Sign(X)	取 X 的符號值	Math.Sign(5)=1 Math.Sign(-5)=-1 Math.Sign(0)=0

(2) 字串函數(△表示一個空格)

函數名稱	意　　義	範　　例
Len(X)	得到 X 的字串長度	Len("THIS△IS△台灣") =10
Strings.Left(X,n)	取字串 X 左邊 n 個字元	Strings.Left("Taiwan",3) ="Tai"
Strings.Right(X,n)	取字串 X 右邊 n 個字元	Strings.Right("Taiwan",3) ="wan"
Mid(X,m,n)	取字串 X 中，從第 m 個字元開始取 n 個字元	Mid("Taiwan",4,2) ="wa"
LCase(s)	大寫字母轉為小寫	LCase("Taiwan") ="taiwan"
UCase(s)	小寫字母轉為大寫	UCase("Taiwan") ="TAIWAN"
Space(n)	空 n 個空格	Space(△△△) (△代表一個空格)

※在 VB 的字串函數中，無論中英文皆視為一個字元，
如：LEN("中華 Taiwan")=8。

(3) 時間日期函數

函數名稱	意　　義	範　　例
Now( )	傳回系統日期與時間	Now( )=2030/7/20 上午 10:30:50
Today( )	傳回系統日期	Today( )=2030/7/20
Year( )	傳回日期資料中的年份	Year(#7/20/2030#)=2016
Month( )	傳回日期資料中的月份	Month(#7/20/2030#)=7
Minute( )	傳回時間資料中的分鐘	Mimute(#10:30:50 AM#)=30
Second( )	傳回時間資料中的秒數	Second(#10:30:50 AM#)=50

(4) 轉換函數

函數名稱	意　　義	範　　例
Asc(X)	將字串 X 的第一個字母轉換為 ASCII 碼值	Asc("BOOK")=66

函數名稱	意　　義	範　　例
Chr(X)	將數值 X 轉換為相對應的 ASCII 碼字元	Chr(65)= "A"
Val(X)	將字串 X 轉變成數值資料	Val("1234")=1234 Val("54A33")=54
Str(X)	將數值資料 X 轉變為字串資料	Str(100)= "△100" Str(-50)= "-50"

※Val()與 Str()互為反函數，Asc()與 Chr()也是互為反函數。
例如：Val(Str(100))＝100、Asc(Chr(65))＝65。

(5) IIF 函數：判斷條件的真假再傳回不同的值或字串。

語法：IIF(條件運算式，True 的傳回值，False 的傳回值)

例如：MsgBox(IIF(分數＞＝60,"及格","不及格")，若分數大於等於 60，訊息框顯示"及格"，否則顯示"不及格"。

(6) Choose 函數：自字串列中取出第 n 個字串。

語法：Choose(n，字串 1，字串 2，字串 3…)

例如：Choose(2, "I", "Love", "You") ＝ "Love"，自字串列中取出第 2 個字串"Love"。

2. 亂數

(1) Rnd()會產生一個亂數值，此值介於 0～1 之間(0＜＝Rnd()＜1，包含 0，不包含 1)。

例：

```
For i=1 To 3
  Console.Write("{0} ",Rnd())
Next  i
```

執行結果：

```
.143502            .348721            .298700
```

(2) 欲產生 A～B(B＞A)之間的隨機整數值，可用公式：
Int(Rnd()*(B-A+1)+A) 或 Int(Rnd()*(B-A+1))+A。
例如欲產生 1～6 之間的隨機整數：

```
Int(Rnd()*(6-1+1)+1)=Int(Rnd()*6+1)
=Int(Rnd()*6)+1
```

(3) Randomize(n)：可以使產生的亂數有所變化，n 為種子數(範圍 -32768~32767)，可利用 Timer 作為種子數(即 Randomize Timer)，因為 Timer 為電腦系統的時間，故數值會不斷地變化。

3. 副程式的特點

(1) 節省重複撰寫程式的時間，使程式簡化，增加程式的可讀性。
(2) 使用 FILO(先進後出)的堆疊資料結構。

4. 副程式語法 Sub…End Sub

```
Sub 副程式名稱(形式參數1[As 資料型態],形式參數2[As 資料型態…)
    敘述區段
End Sub
```

(1) 在主程式中可以直接或使用 Call 呼叫副程式，若不傳遞引數則整個括號可省略。

```
Call 副程式名稱(實際參數1, 實際參數2 …)
```

(2) Sub 敘述中的參數，稱為形式參數(ByRef 或 ByVal)，用來承接主程式傳入的參數。

(3) 參數傳遞的方式有傳值呼叫(Call by Value)和傳址呼叫(Call by Reference)兩種。

- 傳值呼叫(ByVal)

  在副程式的形式參數前加上 ByVal，則主程式的實際參數和副程式的形式參數不共用記憶體位址，主程式的資料不會因副程式而改變。VB2010 預設的參數傳遞方式為傳值呼叫(ByVal)。

  例：

```
Private Sub Form_Activated()
  A=2 : B=3
  Call ADD(A+B,B)
```

```
  MsgBox(A & " " & B)
End Sub
Sub ADD(ByVal X, ByVal Y)
  X=X^2 : Y=Y^2
End Sub
```

執行結果：

```
2 3
```

說明：A 和 X 不共用記憶體位址，B 和 Y 不共用記憶體位址，所以 A=2，X=4，B=3，Y=9。

- 傳址呼叫(ByRef)

  在副程式的形式參數前加上 ByRef，則主程式的實際參數和副程式的形式參數會共用一個記憶體位址，主程式的資料會因副程式而改變。

例：

```
Private Sub Form_Activated()
  A=2 : B=3
  Call ADD(A,B)
  MsgBox(A & " " & B)
End Sub
Sub ADD(ByRef X, ByRef Y)
  X=X^2 : Y=Y^2
End Sub
```

執行結果：

```
4 9
```

說明：A 和 X 共用記憶體位址，B 和 Y 共用記憶體位址，所以 A=X=4，B=Y=9。

5. 自定函數 Function…End Function

```
Function 函數名稱(形式參數1[As 資料型態],形式參數2[As 資料型態…)
    敘述區段
    函數名稱=運算式
    [Return 陳敘式]
End Function
```

(1) Function 函數需包含一個函數傳回值的設定敘述，即將函數名稱設成一個運算式，或是用 Return 敘述將陳敘式結果傳回主程式。
(2) 傳址及傳值呼叫的用法與 Sub 相同。

例：

```
Private Sub Form_Activated()
  MsgBox(G1(2)+G2(-3))
End Sub

Function G1(X) As Integer
  G=X^2+3*X
End Function

Function G2(Y) As Integer
  If Y>0 Then
      Return 5
   Else
      Return Y+5
   End If
End Function
```

執行結果：

```
12
```

( ) 1. 執行下列 VB 程式片段，變數 Sum 的結果為何？ (A)1 (B)2 (C)3 (D)4。

```
Sum=0
For i = -1.3 To 3.8 Step 2
  Sum = Sum + Int(i) + Math.Round(i)
Next i
```

( ) 2. 在 VB 中，已知"A"的 ASCII 值為 65，則「Chr (Asc("S") + 2)」的執行結果應為何？ (A)87 (B)U (C)852 (D)U2。

(　) 3. 在 VB 中，「Strings.Left("11:07:06", 2) + Mid("11:07:06", 4, 2)」的執行結果為何？　(A)1107　(B)18　(C)0711　(D)0607。

(　) 4. 佛朗基用 VB 軟體設計了一個配備薄型螢幕的機器人，輸入以下程式片段後，請問機器人的螢幕上會顯示幾個"HAPPY"字串？　(A)1　(B)3　(C)5　(D)9。

```
a = Math.Sqrt(Math.Abs(-9))
For i = 1 To a
  Debug.Print("HAPPY")
Next i
```

(　) 5. 執行下列 VB 程式片段，其輸出結果為何？　(A)4　(B)8　(C)16　(D)25。

```
Private Sub Form_Activated()
  MsgBox(G(2,3))
End Sub
Function G(X,Y)
  G = Math.Abs(2 * Y - X) ^ 2
End Function
```

(　) 6. 在 VB 的國度裏，騙人布扛了一台搖獎機器到處招搖撞騙，假設他要將中獎號碼設定在 6～36 之間的整數時，請問需要使用下列哪一個指令？　(A)Int(Rnd()*30)+6　(B)Int(Rnd()*31)+6　(C)Int(Rnd()*36)+6　(D)Int(Rnd()*42)。

(　) 7. 執行下列 VB 程式片段，其輸出結果為何？　(A)-3　3　(B)-3　-6　(C)-2　-4　(D)-2　3。

```
Private Sub Form_Activated()
  A = -2.2: B = 3
  Call ADD(A, B)
  MsgBox(A & "  " & B)
End Sub
Sub ADD(ByRef X, ByVal Y)
  X = Int(X): Y = X * 2
End Sub
```

(　) 8. 執行下列 VB 程式片段，其輸出結果爲何？ (A) 2　4　(B) 4　8　(C) 4　16　(D) 8　16。

```
Private Sub Form_Activated()
  A = 1: B = 2
  Call ADD(A, B)
  MsgBox(A & " " & B)
End Sub
Sub ADD(ByRef m,ByRef n)
  m = n * 2: n = m ^ 2
End Sub
```

(　) 9. 執行下列 VB 程式片段，其輸出結果為何？ (A)19　(B)20　(C)21　(D)22。

```
Private Sub Form_Activated()
  MsgBox(super(6))
End Sub
Function super(x)
  If (x > 1) Then
    super = x + super(x-1)
  Else
    super = 2
  End If
End Function
```

(　) 10.在 VB 中，「Choose(3, "I", "LOVE", "TAIWAN")」的執行結果為何？ (A)TAIWAN　(B)I　(C)LOVE　(D)ILOVETAIWAN。

1	C	2	B	3	A	4	B	5	C	6	B	7	A	8	C	9	D	10	A

1. 各變數執行情形：

i	-1.3	0.7	2.7
Int(i)	-2	0	2
Math.Round(i)	-1	1	3
Sum	-3	-2	**3**

2. Chr(Asc("S")+2)將"S"的 ASCII 碼加 2 以後再轉成字元，因此 S 後面的第二個字元為 U。

4. Math.Sqrt 為取平方根；Math.Abs 為絕對值；
   所以 a = Math.Sqrt(Math.Abs(-9)) = 3。

5. G(2,3) = Math.Abs(2*3-2)^2 = 4^2 = 16。

6. 亂數產生公式為 Int(Rnd()*(B-A+1)+A)
   Int(Rnd()*(36-6+1)+ 6)= Int(Rnd()*31)+6。

7. A 爲傳址呼叫，所以 A = X = Int(X) = Int(-2.2) = -3。
   B 爲傳值呼叫，其值不隨副程式而變，所以 B = 3。
   各變數執行情形：

變數位址	A，X	B	Y
變數內容	-2.2→**-3**	**3**	-6

8. A，B 皆爲傳址呼叫，其值會隨著副程式而變。
   A= m = n*2 = 2*2 = 4，B = n = m^2 = 4^2 = 16。
   各變數執行情形：

變數位址	A，m	B，n
變數內容	1→**4**	2→**16**

9. super(1) = 2
   super(2) = 2 + super(1) = 2+2 = 4
   super(3) = 3 + super(2) = 3+4 = 7
   super(4) = 4 + super(3) = 4+7 = 11
   super(5) = 5 + super(4) = 5+11 = 16
   super(6) = 6 + super(5) = 6+16 = **22**

計算機概論統一入學測驗模擬試題（四）

單元 31～40

班級：______ 姓名：__________ 座號：_____

得分

本試卷共 25 題，每題 4 分，共 100 分

(　) 1. 魯夫為了尋找「海賊王」羅傑所埋藏的大秘寶「One Piece」，特別在佛夏村建立了一個裝有超級電腦的資訊中心，讓所有的消息都能透過輪流使用超強的電腦 CPU，同時進行數個資料處理及分析。這類的作業方式是屬於下列哪一種？ (A)整批處理 (B)分時處理 (C)分散式處理 (D)即時處理。

(　) 2. 郵局所提供的自動提款機不適合使用何種作業方式？ (A)即時處理 (B)離線處理 (C)交談式處理 (D)分散式處理。

(　) 3. 關於下列 VB 陣列的宣告敘述，何者錯誤？ (A)A(0,1)=2 (B)是屬於二維陣列 (C)一共有 4 個陣列元素 (D)A(1,1)=4。

Dim A(,) As Integer={{2,0},{1,4}}

(　) 4. 下列有關電腦演進的世代與所使用的電子元件何者有誤？ (A)第一代，真空管 (B)第二代，電晶體 (C)第三代，電容器 (D)第四代，超大型積體電路。

(　) 5. 靜香要把今天完成的作業壓縮後傳給老師，她應該用下列哪一個軟體才可以完成？ (A)Adobe Reader (B)WinRAR (C)Visual Studio (D)Dreamweaver。

(　) 6. 下列 VB 程式片段，其執行結果 f(3, 6) * f(2, 5)之值為何？ (A)180 (B)40 (C)72 (D)100。

```
Dim f(5, 8)
For p = 1 To 5
  For k = 1 To 8
    f(p, k) = (p - 1) * (k - 1)
  Next k
Next p
```

( ) 7. 乙太網路的架構一般使用於何種場合？ (A)WAN (B)LAN (C)ADSL (D)GPS。

( ) 8. 在 Visual Basic 程式中「Int(Rnd()*26)+6」，產生的亂數值範圍為何？ (A)6~26 (B)6~31 (C)6~32 (D)0~32。

( ) 9. 有關 VB 副程式的敘述，下列何者有誤？ (A)可以節省重複撰寫程式的時間，增加程式的可讀性 (B)採用傳址呼叫(Call by Reference)傳遞引數時，主程式的資料會因副程式而改變 (C)自定的 Function 函數需包含一個函數傳回值的設定敘述 (D)使用 FIFO(先進先出)的資料結構。

( )10. 執行下列 VB 程式片段，則其輸出結果為何？ (A)11 (B)12 (C)13 (D)14。

```
Sub Main( )
  a = 5: b = 3: c = 0
  Call f(a, b, c)
  d = a + b + c
  Debug.Print(d)
End Sub
Sub f(ByRef x, ByVal y, ByRef z)
  x = x + 1 : y = y + 2 : z = z + 3
End Sub
```

( ) 11. 高速公路電子收費系統(ETC)是下列何種傳輸技術的應用？ (A)RFID(無線射頻識別系統) (B)Ir(紅外線通訊) (C)FTTH(光纖到府) (D)Bluetooth(藍牙)。

( ) 12. 喬巴和家人利用假日到郊外遊玩，他坐在草皮悠閒的上網觀看影片，試問下列何者最有可能是喬巴用來連上網路的傳輸技術？ (A)4G LTE (B)光纖 (C)RFID (D)藍牙。

( )13. 下列關於網路頻寬(Bandwidth)的敘述，何者有誤？ (A)網路頻寬是指傳輸媒體能夠傳輸的最高頻率和最低頻率的差值 (B)乙太網路是屬於基頻網路 (C)ADSL 是屬於寬頻網路 (D)基頻網路是以類比訊號傳輸資料，而寬頻網路以數位訊號傳輸資料。

( )14. 網路聊天室中，網友交談的內容通常都使用何種方式來處理？ (A)即時處理 (B)離線處理 (C)批次處理 (D)分散式處理。

(　)15. VB 函數「Choose(Mid("4321", 2, 1), Strings.Right("abcd", 2), UCase("abcd"), Chr(Asc("abcd")), Len("abcd")))」的執行結果為何？ (A)cd (B)ABCD (C)a (D)abcd。

(　)16. 下列 VB 程式片段執行結果 s 之值為何？ (A)4 (B)6 (C)16 (D)18。

```
Private Sub Form_Load()
  MsgBox(F(4))
End Sub

Function F(n) As Integer
  If n = 1 Or n = 2 Then
    Return n + 1
  Else
    Return F(n - 1) * F(n - 2)
  End If
End Function
```

(　)17. 下列關於電腦單位之間的換算，何者正確？ (A)1MB = 2^{10} Bytes (B)1ns = 10^{-6} s (C)1G = 10^{12} (D)1Mbps = 10^{6} bps。

(　)18. 記憶單位容量 512MB 是 2 的多少次方 bit？ (A)30 (B)32 (C)29 (D)20。

(　)19. 關於隨機存取記憶體(RAM)的敘述，下列何者是錯誤的？ (A)可讀取及寫入資料，電源消失資料會消失 (B)SRAM(靜態隨機存取記憶體)需週期性充電，速度較 DRAM(動態隨機存取記憶體)快 (C)一般個人電腦所稱的主記憶體指的是 DRAM (D)CPU 要執行程式或存取資料時，必須先載入至 RAM 中。

(　)20. 若印表機以 USB 連接至電腦主機，則其此類資料傳輸方式為何？ (A)半雙工傳輸 (B)全雙工傳輸 (C)並列傳輸 (D)序列傳輸。

(　)21. 阿翔最近買了一台採用雙核心技術的平板電腦，試問「雙核心」是指下列哪一種電腦元件所採用的技術？ (A)主記憶體 (B)中央處理器 (C)匯流排 (D)暫存器。

(　)22. 下列哪一種儲存媒體或設備不是採用快閃記憶體(Flash Memory)？ (A)數位相機的記憶卡 (B)SSD 固態硬碟 (C)DDR3 記憶體模組 (D)主機板上的 BIOS。

(　)23. 航海行程來到了別名為「小花園」的太古之島，娜美覺得侏羅紀時期的原始生物，如暴龍、翼龍等，令人感到太震撼，決定將沿途所拍攝的影片加以剪輯成太古之島風情畫，試問下列何者不適合用來進行影片剪輯及製作處理？　(A)Windows Live Movie Maker　(B)VideoStudio　(C)PowerDirector　(D)PowerDVD。

(　)24. 下列哪一項不適合用電腦輔助設計軟體 AutoCAD 來處理？　(A)地下管線設計　(B)工業工程設計　(C)建築工程設計　(D)軟體程式設計。

(　)25. 索隆公司的電腦網路採用 T1 數據專線，試問其傳輸速率為何？　(A) 1.544 Mbps　(B) 10 Mbps　(C)45 Mbps　(D)100 Mbps。

單元 41

個人網誌(部落格)、社群網站的應用

單元名稱	單元內容	106	107	108	109	考題數	總考題數
個人網誌(部落格)、社群網站的應用	個人網誌(部落格)	0	0	1	0	1	1
	社群網站	0	0	0	0	0	

1. 個人網誌(部落格)

(1) 網誌(Blog)：又稱為「部落格」或「博客」，是一種管理網站內容的軟體介面，可在網路上發表日誌、照片等。

(2) 影音日誌(Vlog)：Vlog 來自於 Video+Blog，使用 Video(影片)來寫日誌。

(3) 提供部落格服務的網站：Google 的 Blogger、yam 天空部落格、Xuite 日誌、PIXNET 痞客邦等。

(4) RSS(Really Simple Syndication)：是一種 XML 格式，網頁提供者可透過 RSS 產生資訊並傳播；使用者則是透過 RSS 來訂閱訂閱他人的部落格，並透過 RSS 閱讀軟體即時閱讀。

(5) 網誌樣式設定：可直接套用版型範本，或利用 CSS 語法修改。

2. 社群網站(Social Network)

(1) 提供用戶在線上建立社群，做為互動交流分享空間。

(2) 常見的社群網站：Facebook(臉書)、Twitter(推特)、新浪微博、Line 群組、Instagram、Google+、Plurk(噗浪)等。

3. Facebook(臉書)

(1) 由哈佛大學的學生 Mark Zuckerberg 所創辦。

(2) 動態消息：可讓用戶發表自己的最新動態，亦可直播視訊，私密的交流則通過 Messenger 進行。。

(3) 打卡：透過「地標功能」，可標記用戶所在的位置，與朋友分享自己旅行或活動行蹤。

(4) 活動(Events)：可讓用戶通知朋友即將發生的活動。

(5) 社團：可成立自己的社團或加入他人的社團，只有同社團的用戶或經過認證的朋友才可以社團資訊或進行留言等。社團不具備專屬的網址及行銷數據分析，因此不適用於商業用途。

(6) 粉絲專頁：屬於商業用途專頁，提供社群行銷數據分析，讓企業可了解粉絲團的族群分佈及互動情形，適合商業宣傳用途。

4. Twitter(推特)

(1) 每一則訊息更新都會顯示在使用者的版面頁上，而且自己所設定的好友都可以即時看到這些更新的內容。

(2) 可以發送自己的訊息(tweet)或回覆訊息，顯示所有自己或好友發布的訊息，並顯示自己所寫的訊息總數。

(3) 可以列出好友的數目，其中「following」是自己加入別人，而「followers」則是別人將你加入好友。

5. Plurk(噗浪)

(1) 自己跟好友的所有消息會顯示在一條時間軸上，可以使用滑鼠左右拖拉時間軸來移動到不同的時間。

(2) Karma 值：會依照發文的次數、上站次數與交友情形等變大或變小；「Karma」數值大小會影響各項進階功能是否啟用。

( ) 1. 下列哪一項通常是用來抒發心情、記錄生活、發表長篇文章、上傳照片，並且可以發佈在網頁上與網友共享的網際網路服務？ (A)FTP (B)E-mail (C)Google Docs (D)Blog。

( ) 2. 香吉士是有名的海上廚師，他經常會透過下列哪一項工具來發表有關食物的評論和照片，提供給網友尋覓美食時的參考？ (A)Web Mail (B)Blog (C)Adobe Reader (D)GPS。

( ) 3. 下列何者不屬於社群網站(Social Network)？ (A)Yahoo (B)Twitter (C)Plurk (D)Facebook。

( ) 4. Facebook(臉書)的動態時報其主要的作用為何？ (A)搜尋特定社群或者是人名 (B)放置小遊戲和心理測驗 (C)發表自己最新的狀態 (D)管理朋友的名單。

( ) 5. 魯夫最近愛上了一種網際網路應用，其特色是「自己跟好友的所有消息會顯示在一條時間軸上」，試問魯夫所使用的網際網路應用是下列哪一項？ (A)Facebook (B)Plurk (C)Blog (D)Twitter。

( ) 6. 以下何者可以透過即時通訊軟體、電子郵件、瀏覽器等不同的網路工具來更新與閱讀其他人的訊息，具有訊息傳播快速和便捷的特性？ (A)E-mail (B)FTP (C)BBS (D)Twitter。

1	D	2	B	3	A	4	C	5	B	6	D

單元 42

電腦硬體五大單元與匯流排

單元名稱	單元內容	106	107	108	109	考題數	總考題數
電腦硬體五大單元與匯流排	電腦硬體五大單元	0	0	0	0	0	0
	匯流排	0	0	0	0	0	

1. 電腦硬體五大單元

單元名稱	功能說明	
輸入	接收使用者輸入的資料。	合稱周邊設備
輸出	把資料輸出到顯示器或儲存媒體。	
控制	負責指揮協調各單元之間的運作和資料傳送。以匯流排與其他四個單元直接連接。	
記憶	儲存資料和程式，包含主記憶體(如：RAM、ROM)及輔助記憶體(如：磁碟、光碟、隨身碟)。以匯流排與其他四個單元直接連接。	
算術邏輯	簡稱 ALU，執行資料的算術、邏輯和關係運算。	

2. 中央處理單元(CPU)

最主要的部分為控制單元、算術邏輯單元及少部分的記憶單元(如：暫存器、快取記憶體)，為電腦系統的核心。

3. 匯流排(Bus)

電腦上各元件之間傳送資料的管道。

(1) 依傳輸對象分為：

- 內部匯流排：負責 CPU 內部的資料傳送。
- 系統匯流排：負責 CPU 與晶片組、主記憶體之間訊息傳送。
- 擴充匯流排：負責晶片組與周邊設備擴充槽之間資料傳送。

(2) 依傳遞內容分為：

分類	傳輸方式	功能
資料匯流排	雙向	傳送資料。
位址匯流排	單向	傳送資料在記憶體中的位址、選擇欲使用的裝置。
控制匯流排	單向	傳送控制訊號。

( ) 1. 魯夫和喬巴等一行人航行到某個群島，六個小島之間的分佈情形像極了電腦硬體的五大單元，其中有個不屬於五大單元中的小島暗藏著極大的危險。依電腦硬體的五大單元而言，這個危險的小島會是下列的哪一個呢？ (A)作業系統單元 (B)記憶單元 (C)輸入輸出單元 (D)中央處理單元。

(　) 2. 有關電腦硬體五大單元的敘述，何者有誤？　(A)輸出單元的功用在於將資料輸出到顯示器或儲存媒體　(B)記憶單元是用來儲存資料和程式　(C)算術邏輯單元簡稱 ALU，負責指揮協調各單元之間的運作和資料傳送　(D)輸入單元負責接收使用者輸入的資料。

(　) 3. 航海王的每個夥伴在船上都有各自需負責的工作，喬巴：控制單元，娜美：算術邏輯單元，索隆：記憶單元，香吉士：輸入單元。若將整個指揮中心比喻成電腦的 CPU，則哪一個人負責的工作並不包括在指揮中心的範圍？　(A)娜美　(B)索隆　(C)喬巴　(D)香吉士。

(　) 4. 用來連接個人電腦內部硬體裝置的訊號排線是？　(A)雙絞線　(B)匯流排　(C)紅外線　(D)藍牙。

(　) 5. CPU 利用哪一種匯流排來傳送資料的位址？　(A)單向，位址匯流排　(B)雙向，位址匯流排　(C)單向，資料匯流排　(D)雙向，資料匯流排。

(　) 6. 下列關於匯流排敘述，何者錯誤？　(A)內部匯流排負責 CPU 內部的資料傳送　(B)位址匯流排負責傳送位址　(C)控制匯流排負責傳送 CPU 的控制訊號　(D)資料匯流排只負責單向傳送資料給記憶體。

1	A	2	C	3	D	4	B	5	A	6	D

單元 43

資料表示法

單元名稱	單元內容	106	107	108	109	考題數	總考題數
資料表示法	資料表示法	0	0	0	0	0	0
	文字表示法	0	0	0	0	0	
	資料偵測	0	0	0	0	0	

1. 整數

使用的儲存位元越多所能表示的整數範圍越大。

2. 英文文字資料

每個英文字母、數字字元佔 1Byte，常用的表示法為 ASCII 碼。

3. 熟記下列字元的 ASCII 碼

字元	10 進位值	16 進位值
空白	32	20
0	48	30
A	65	41
a	97	61

4. 字元的 ASCII 碼大小順序

空白< 數字　<大寫字母　<小寫字母

空白<0...<9　<A.......<Z　<a........<z

5. 字元 ASCII 碼的計算

數字及英文大小寫字母皆按順序大小編碼，若已知某一個字元的 ASCII 碼，即可透過運算而得知另一個字元的 ASCII 碼。

(1) 0 的 ASCII 碼 $=48_{10}$
1 的 ASCII 碼 $=$ 0 的 ASCII 碼 $+1_{10}=49_{10}$

(2) A 的 ASCII 碼 $=65_{10}$
B 的 ASCII 碼 $=$ A 的 ASCII 碼 $+1_{10}=66_{10}$

(3) a 的 ASCII 碼 $=97_{10}$
b 的 ASCII 碼 $=$ a 的 ASCII 碼 $+1_{10}=98_{10}$

6. 中文文字資料

每個中文字佔 2Bytes，國內盛行的內碼為 BIG-5(繁體中文內碼)，中國大陸則採用 GB 碼(國標碼)。

7. Unicode

使用 2Bytes 編碼，可容納 $2^{16}=65536$ 個字元符號，包含各國常用的文字符號，提昇網路文件的使用便利性。

8. 使用 n 位元最多可以表示 2^n 種符號

例：以 2 Bytes(=16 bits)編碼，最多可以表示 $2^{16}=65536$ 個不同的符號。

(　) 1. 風車村的村長規定村民們要使用一個 8 位元來表示不考慮正負值的整數，以方便統一計算所有的物價。因此，該村的物價金額中所能表示的最小值為多少？ (A)255 (B)256 (C)127 (D)0。

(　) 2. 下列有關英文文字資料表示法的敘述，何者有誤？ (A)常使用 ASCII 碼來表示 (B)字元的 ASCII 碼大小順序中，大寫字母會小於小寫字母 (C)「A」的 ASCII 碼以 10 進位值表示時其值為 41 (D)每個英文字母佔 1Byte。

( ) 3. 「海賊王」羅傑埋藏大秘寶「One Piece」的藏寶圖中有個尋寶密語，標示著:「想要我的財寶嗎？想要的話全給你吧！圖中包含 2000 個各種不同的符號，最少要用多少個位元才能表示？只要能解出正確的答案，就靠著它去找吧！我把所有的財寶都放在那裡了！」請問，正確的密碼到底是多少呢？ (A)1000 (B)11 (C)1 (D)10。

( ) 4. 「a」的 ASCII 碼為 97_{10}，則「m」的 ASCII 碼值為多少？ (A)109_{10} (B)98_{10} (C)100_{10} (D)無法計算。

( ) 5. 下列有關資料表示法的敘述，何者正確？ (A)可同時支援英文、拉丁文、中文、韓文、日文等文數字符號表示法的編碼系統為 EBCDIC 碼 (B)Unicode 使用 2 位元組編碼，包含各國常用的文字符號 (C)行政院訂定 BIG-5 碼為國家標準交換碼，每個中文字佔 2Bytes (D)在 ASCII 碼的編排順序中，0>C>z。

1	D	2	C	3	B	4	A	5	B

1. 以 8 個位元表示一不考慮正負的整數，能表示的範圍為 $0\sim(2^8-1) = 0\sim255$。
3. $2^n>=2000$，n=11。
4. 「m」的 ASCII 碼值=「a」的 ASCII 碼+12_{10}=97_{10}+12_{10}=109_{10}。
5. (A)EBCDIC(擴增二進式十進交換碼)爲 IBM 推出的字元編碼表，是 IBM 迷你級以上電腦的標準碼
(C)行政院訂定 CISCII 碼爲國家標準交換碼
(D)在 ASCII 碼的編排順序中，0<C<z。

單元 44

搜尋、排序

單元名稱	單元內容	106	107	108	109	考題數	總考題數
搜尋、排序	搜尋	0	0	0	0	0	0
	排序	0	0	0	0	0	

1. 循序搜尋法

(1) 從第一筆資料開始一筆一筆往下尋找。

(2) 資料不需要事先排序。

(3) N 筆資料，尋找次數最多 N 次，最少 1 次，平均為(N+1)/2 次。

2. 二分搜尋法

(1) 資料需事先排序。

(2) 搜尋的方式(此例的資料是由小到大排序)：

- 將欲查詢的資料與一組資料中的中間值做比較。
- 若查詢的資料＝中間值，則印出其在陣列中的位置，程式即可結束。
- 若查詢的資料＞中間值，則表示資料的左半部必須放棄。
- 若查詢的資料＜中間值，則表示資料的右半部必須放棄。
- 重覆以上步驟，若資料已無法分成左右兩半，則表示資料不在陣列中。

(3) 若有 N 筆資料，比較次數最少 1 次，最多次數為大於或等於 $\log_2(N+1)$ 的最小整數。

比較次數	資料搜尋情形(尋找6)							說　明
1	2	5	6	9	10	12	13	6<9，放棄右半部
2	2	5	6					6>5，放棄左半部
3			6					6=6，完成
尋找 6，比較次數最多為大於等於 $\log_2(7+1)$ 的最小整數=3 次。								

3. 氣泡排序法

(1) 採取相鄰兩資料比較的方法，依照排序的方式(由小到大遞增或由大到小遞減)，有需要時立即互換資料。

(2) 若有 N 個數，須做 N-1 個循環，比較次數為 N×(N-1)/2 次。

循環次數	比較次數	資料排列情形(由小至大)				是否交換
1	1	6	4	9	2	是
	2	4	6	9	2	否
	3	4	6	9	2	是
2	4	4	6	2	9	否
	5	4	6	2	9	是
3	6	4	2	6	9	是
	共 4×(4-1)/2 =6 次	2	4	6	9	完成

4. 選擇排序法

(1) 依排序方式，尋找所有數列資料中的最大或最小值，視需要再與前面尚未排序過的第一筆資料交換。

(2) 若有 N 個數，須做 N-1 個循環，比較次數為 N×(N-1)/2 次。

循環次數	比較次數	資料排列情形(由小至大)				是否交換
1	1	6	4	9	2	
	2	6	4	9	2	
	3	6	4	9	2	是
2	4	2	4	9	6	
	5	2	4	9	6	否
3	6	2	4	9	6	是
	共 4×(4-1)/2 =6 次	2	4	6	9	完成

( ) 1. 七筆已排序資料（1，2，4，6，8，10，20），以循序搜尋法找關鍵值 8 的資料，需要找幾次？ (A)2 次 (B)3 次 (C)7 次 (D)5 次。

( ) 2. 承上題，以二分搜尋法找關鍵值 8，需要找幾次？ (A)2 次 (B)3 次 (C)4 次 (D)5 次。

( ) 3. 為了準備聖誕大餐，香吉士在海上餐廳的廚房找食材，如果食材總共有 25 樣，以循序搜尋法來尋找的話，最差的情況下需要找幾次才能找到所需食材？ (A)1 次 (B)10 次 (C)13 次 (D)25 次。

( ) 4. 承上題，平均搜尋次數為何？ (A)13 (B)12 (C)10 (D)11 次。

( ) 5. 索隆和香吉士一直想找機會彼此較量一下，某天他們決定比賽終極密碼遊戲，喬巴先從 1~100 之中選定一個號碼，兩人用二分搜尋法來猜，最差的情況下需要幾次才能猜中喬巴所選的號碼？ (A)1 次 (B)6 次 (C)7 次 (D)10 次。

( ) 6. 利用氣泡排序法排列 10 筆資料的順序，最多須做幾次的排序循環？ (A)10 次 (B)9 次 (C)5 次 (D)11 次。

( ) 7. 利用選擇排序法排列 6 筆資料的順序，其需比較次數為何？ (A)6 次 (B)30 次 (C)15 次 (D)21 次。

( ) 8. 利用氣泡排序法將 8，6，1，10，7 依遞增順序排列，請問在第一循環結束後，此數列順序為何？ (A)6，1，8，7，10 (B)1，6，7，8，10 (C)6，8，1，10，7 (D)10，7，8，1，6。

( ) 9. 利用選擇排序法將 8，6，1，10，7 依遞減順序排列，請問在第二循環結束後，此數列順序為何？ (A)10，8，7，6，1 (B)10，6，1，8，7 (C)10，8，1，6，7 (D)10，7，8，1，6。

( )10. 下列應為何種 VB 排序程式的片斷？ (A)選擇排序遞增 (B)選擇排序遞減 (C)氣泡排序遞減 (D)氣泡排序遞增。

```
For i=1 To 4
  For j=1 To 5-i
    if A(j) > A(j+1) Then T=A(i):A(i)=A(j):A(j)=T
Next j,i
```

1	D	2	B	3	D	4	A	5	C	6	B	7	C	8	A	9	C	10	D

2. 第一次找到 6，第二次找到 10，第三次找到 8。
4. $(N+1)/2 = (25+1)/2 = 13$。
5. $\log_2(N+1) = \log_2(100+1) = 6.65$，因此最多為 7 次。
7. $N\times(N-1)/2 = 6\times(6-1)/2 = 15$ 次。
8. 氣泡排序第一循環排序過程：
   8，6，1，10，7
   6，8，1，10，7
   6，1，8，10，7
   6，1，8，7，10　(第一循環結束)
9. 選擇排序至第二循環排序過程：
   8，6，1，10，7
   10，6，1，8，7　(第一循環結束)
   10，8，1，6，7　(第二循環結束)
10. 此程式為兩相鄰資料做比較，是為氣泡排序；若前一筆大於下一筆，則兩資料交換，因此是遞增排序。

單元 45

數字系統

單元名稱	單元內容	106	107	108	109	考題數	總考題數
數字系統	數字系統轉換	0	0	0	0	0	0

1. 數字系統表示法

進制	使用的字元	範　例
10	0,1,2,3,4,5,6,7,8,9	$(125.3)_{10}=1\times10^2+2\times10^1+5\times10^0+3\times10^{-1}$
2	0,1	$(101.01)_2=1\times2^2+0\times2^1+1\times2^0+0\times2^{-1}+1\times2^{-2}$
8	0,1,2,3,4,5,6,7	$(74.5)_8=7\times8^1+4\times8^0+5\times8^{-1}$
16	0,1,2,3,4,5,6,7,8,9, A,B,C,D,E,F	$(8F.A2)_{16}=8\times16^1+F\times16^0+A\times16^{-1}+2\times16^{-2}$ $=8\times16^1+15\times16^0+10\times16^{-1}+2\times16^{-2}$

2. 數字系統對照表

10進位	2進位	8進位	16進位
0	0000	0	0
1	0001	1	1
2	0010	2	2
3	0011	3	3
4	0100	4	4
5	0101	5	5
6	0110	6	6
7	0111	7	7

10進位	2進位	8進位	16進位
8	1000	10	8
9	1001	11	9
10	1010	12	A
11	1011	13	B
12	1100	14	C
13	1101	15	D
14	1110	16	E
15	1111	17	F

3. 任何進位→10 進位

將每個數字乘以其所在的位值後相加，所得到的總和即為 10 進位。

例 1：2 進位→10 進位：$1101.01_2 = 13.25_{10}$。

	1	1	0	1.	0	1	
位值	2^3	2^2	2^1	2^0	2^{-1}	2^{-2}	$=1\times8+1\times4+1\times1+1\times0.25$
數值	8	4	2	1	0.5	0.25	$=13.25_{10}$

例 2：8 進位→10 進位：$37.4_8 = 31.5_{10}$。

	3	7.	4	
位值	8^1	8^0	8^{-1}	$=3\times8+7\times1+4\times0.125=31.5_{10}$
數值	8	1	0.125	

例 3：16 進位→10 進位：$A4.C_{16} = 164.75_{10}$。

	A	4.	C	
位值	16^1	16^0	16^{-1}	$=A\times16+4\times1+C\times0.0625$
數值	16	1	0.0625	$=10\times16+4\times1+12\times0.0625=164.75_{10}$

※熟記 2、8、16 進位的位值，可加快計算速度：

2^{10}	2^9	2^8	2^7	2^6	2^5	2^4	2^3	2^2	2^1	2^0	2^{-1}	2^{-2}	2^{-3}
1024	512	256	128	64	32	16	8	4	2	1	0.5	0.25	0.125
						8^4	8^3	8^2	8^1	8^0	8^{-1}		
						4096	512	64	8	1	0.125		
							16^3	16^2	16^1	16^0	16^{-1}		
							4096	256	16	1	0.0625		

4. 10 進位→任何進位

(1) 整數部分：以該進位為除數，用除的，由下往上取餘數。

(2) 小數部分：以該進位為乘數，用乘的，由上往下取整數。

例 1：10 進位→ 2 進位：$13.25_{10}=1101.01_{2}$。

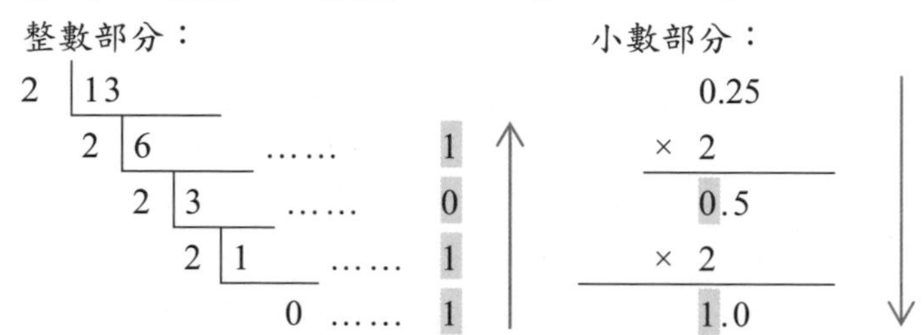

例 2：10 進位→ 8 進位：$31.5_{10}=37.4_{8}$。

8 | 31
8 | 3 … 7
0 … 3 ↑

0.5
× 8
4.0 ↓

例 3：10 進位→16 進位：$164.78125_{10}=A4.C8_{16}$。

16 | 164
16 | 10 … 4
0 … 10=A ↑

0.78125
× 16
C=12.5
0.5
× 16
8.0 ↓

Line考題!

( ) 1. 魯夫等一行人從慣用十進位制的風車村出發，途中經過只能使用二進位制的羅格鎮補給所需物品。一件在羅格鎮標示 101101 元的任意門，魯夫需要花費相當於十進位制的多少錢才能買的到？ (A)55 (B)38 (C)45 (D)96。

( ) 2. 十進位數(93.8125)轉換為下列各進位，何者正確？
(A)$(1011101.101)_2$ (B)$(101101.1101)_2$ (C)$(5D.C)_{16}$ (D)$(135.64)_8$。

( ) 3. 香吉士在探險途中蒐集了各個使用不同進制國度的貨幣，以下哪一種貨幣金額在轉換成相同的十進制之後，跟其他三種會是不一樣的？
(A)$(142)_{10}$ (B)$(8E)_{16}$ (C)$(216)_8$ (D)$(10011100)_2$。

( ) 4. 下列數字系統的表示法中，哪一項是不正確的？ (A)$(1011.1)_2$ (B)$(1011.1)_{10}$ (C)$(5AG.6)_{16}$ (D)$(75.2)_8$。

1	C	2	D	3	D	4	C

3. (B)$(8E)_{16} = 142_{10}$
(C)$(216)_8 = 142_{10}$
(D)$(10011100)_2 = 156_{10}$。

4. 16 進位可表示的數字為 0~9,A,B,C,D,E,F。

單元 46

各類單位

1. 電腦記憶單位

容量單位	換算公式
bit(位元)	電腦儲存資料的最小單位，只有 0/1 兩種
Byte(位元組)	1 Byte= 2^3 bits = 8 bits
KB	1 KB = 2^{10} Bytes = 1024 ≒10^3 Bytes
MB	1 MB = 2^{20} Bytes = 1024×1024 ≒10^6 Bytes
GB	1 GB = 2^{30} Bytes ≒10^9 Bytes
TB	1 TB = 2^{40} Bytes ≒10^{12} Bytes
PB	1 PB = 2^{50} Bytes ≒10^{15} Bytes
EB	1 EB = 2^{60} Bytes ≒10^{18} Bytes

2. 時間單位

單　位	換算公式
ms(毫秒)	1ms=10^{-3} s(秒)
μs(微秒)	1μs=10^{-6} s
ns(奈秒)	1ns=10^{-9} s
ps(披秒)	1ps=10^{-12} s

3. 電腦系統速度

(1) MIPS：每秒能執行的百萬(10^6)個指令數。
GIPS：每秒能執行的十億(10^9)個指令數。

(2) MHz(百萬赫茲，1M=10^6)、GHz(十億赫茲，1G=10^9)：時脈頻率，通常用來標示 CPU 的速度值。

4. 印表機列印速度單位

(1) PPM：每分鐘列印的頁數，適用於噴墨式、雷射印表機。

(2) CPS：每秒鐘列印的字數，適用於點陣式印表機。

5. 光碟機讀寫速度

(1) CD 光碟機：單倍速指 150KBytes/s(即每秒 150KBytes)。

(2) DVD 光碟機：單倍速指 1350KBytes/s。

(3) BD 光碟機：單倍速指 4.5MBytes/s。

6. 其他電腦周邊單位

(1) pixel：像素，組成數位影像(點陣圖)的最小單位。

(2) dpi：每英吋的點數，用來表示設備的解析度，如：印表機列印解析度、掃描器解析度。

(3) ppi：每英吋的像素量，用來表示影像的解析度，如：1024×768ppi 的影像檔，表示此影像寬有 1024 像素，高有 768 像素。

(4) RPM：每分鐘碟片旋轉的圈數，指硬碟的轉速。

7. 網路傳輸單位

單位	換算公式
bps	bit per second
Kbps	1 Kbps = 10^3 bps
Mbps	1 Mbps = 10^6 bps
Gbps	1 Gbps = 10^9 bps

( ) 1. 何者為電腦的記憶單位？ (A)CPS (B)MB (C)DPI (D)PPM。

( ) 2. 雷射印表機的列印速度為？ (A)PPM (B)DPI (C)CPS (D)RPM。

( ) 3. 魯夫至 3C 大賣場買了一部標示 10000RPM 的硬碟，10000RPM 指的是硬碟的何種規格？ (A)尺寸大小 (B)價格 (C)容量 (D)轉速。

( ) 4. 下列有關電腦各類單位的敘述，何者是錯誤的？ (A)GB 是主記憶體的存取速率單位 (B)GHz 通常用來標示 CPU 的速度值 (C)掃描器的解析度以 DPI 表示 (D)Kbps 為網路的傳輸單位。

( ) 5. 在下列電腦相關單位中，何者與速度無關？ (A)bps (B)ppi (C)KBytes/S (D)RPM。

1	B	2	A	3	D	4	A	5	B

單元 47

計算題攻略

1. 記憶單位轉換

例：(A) 某一張圖檔的大小為 256KB，相當於？ (A)256×2^{-10}MB (B)256×2^{-30}GB (C)256×2^{20}Bytes (D)256×2^{23}bits。

解：$256KB=256\times2^{-10}$ MB$=256\times2^{-20}$ GB
$=256\times2^{10}$ Bytes$=256\times2^{13}$ bits。

2. 電腦系統速度

例 1：(B) 某微處理機執行速度為 5 GIPS，執行一兆個指令共需多少時間？ (A)100 秒 (B)200 秒 (C)250 秒 (D)500 秒。

解：5 GIPS(每秒能執行的十億個指令數)表示每秒可執行 5×10^9 個指令，所需時間$=10^{12}/(5\times10^9)=200$ 秒。

例 2：(D) 若有一 CPU 為 800 MIPS、4 CPI，其中的 CPI(Clock cycle Per Instruction)值表示平均執行每個指令所需的時脈週期數，則此 CPU 的最低工作頻率為多少？ (A)2 GHz (B)4 GHz (C)1 GHz (D)3.2 GHz。

解：$800\times10^6\times4=3.2\times10^9=3.2$ GHz。

例 3：(A) 某 CPU 的指令運作週期所需花費的時間分別是：指令擷取時間為 0.25ns、指令解碼時間為 0.25ns、執行指令時間為 0.5ns、儲存時間為 1ns。如果執行 1 個指令需要 2 個時脈，則此 CPU 的執行速度約為多少？ (A)1 GHz (B)0.5 GHz (C)100 MHz (D)250 MHz。

解：指令週期所需時間=擷取時間+解碼時間+執行時間+儲存時間

$=0.25+0.25+0.5+1=2$ns。

執行 1 個指令需要 2 個時脈，所以 1 個時脈$=2/2=1$ns。

CPU 的執行速度$=1/(1\times10^{-9})=1\times10^{9}=1$ GHz。

3. CPU 時脈週期

例 1：(C) Intel Core i7-980X 3.2G 的 CPU 時脈週期為？ (A)3×10^{-3}s (B)300ms (C)0.3ns (D)30ps。

解：時脈週期=1/頻率

$=1/(3.2\text{G})$ 秒$=1/(3.2\times10^{9})$ 秒$=0.3\times10^{-9}$ 秒

$=3\times10^{-10}$ s$=3\times10^{-7}$ ms$=3\times10^{-1}$ ns$=0.3$ ns

$=3\times10^{2}$ ps$=300$ ps。

例 2：(A) 某 CPU 標示的時脈頻率為 2GHz，若執行 1 個指令需要 4 個時脈週期，則執行 1 個指令需要花費多少時間？ (A)2ns (B)0.5ns (C)1.25ms (D)8ps。

解：時脈週期=1/頻率$=1/(2\times10^{9})$秒$=0.5\times10^{-9}$秒，所以執行 1 個指令需要花費 $4\times0.5\times10^{-9}$秒$=2$ns。

4. 傳輸速率

例：(B) 租用 8M/640K 的 ADSL，自網路下載 300MB 的遊戲軟體至少需要多少的時間？ (A)1 分 (B)300 秒 (C)30 分 (D)10 分。

解：所需的時間=檔案大小/傳輸速率

$=300$M Bytes/8M bits

$=(300\times10^{6}\times8)/(8\times10^{6})$秒($\because$ 1M Bytes$\fallingdotseq10^{6}$ Bytes)

$=300$ 秒 $\therefore$ 至少需時 300 秒。

5. 硬碟容量

例：(D) 一硬碟是由 5 片碟片製成，其中最上面那張碟片之朝上的那一面，及最下面那張碟片之朝下的那一面，不存資料，每面有 100 軌，每軌有 20 個磁區，每磁區存 512 Bytes，則此硬碟的容量約為多少？ (A)1.38GB (B)7200bits (C)72KB (D)7.8MB。

解：硬碟的容量＝讀寫頭數(或可用的磁面數)×每面的磁軌數×磁區×每磁區的容量
＝8×100×20×512Bytes＝8000KB≒7.8MB。

6. 硬碟轉速

例 1：(B) 一個硬碟的轉速是 7200RPM，則此硬碟碟片旋轉一圈需時？ (A)1.38s (B)8.3ms (C)7.2μs (D)7200ps。

解：RPM 為一分鐘的轉數，轉 1 圈所需時間=(1×60)/RPM 秒
＝1/7200×60sec＝0.0083sec＝8.3ms(1s ＝ 1000ms)。

例 2：(C) 硬碟的轉速是 10000RPM，找尋時間為 5ms，資料傳輸速率為 10MB/s，則存取同一個磁柱內 5MB 資料的存取時間(Access Time)約為多少？ (A)5ms (B)0.5ms (C)508ms (D)511ms。

解：磁碟存取時間=找尋時間+平均旋轉時間+資料傳輸時間
＝5ms＋60/(10000×2)秒＋(5MB/10MB)秒
＝5ms＋3ms＋500ms＝508ms。

7. 螢幕解析度

例：(C) 以 1600×1200 的解析度顯示一張全彩(24 bits/pixel)、全螢幕的畫面時，約需多少記憶空間？ (A)2MB (B)4MB (C)6MB (D)8MB。

解：檔案大小=解析度(即總點數)×每點所佔的大小
＝1600×1200×24 bits＝1920000×(24/8) Bytes
＝5.76M Bytes　　∴ 至少需 6MB 的記憶體空間。

8. 影像尺寸大小

例：(B) 一張 3×5 吋的照片，使用解析度為 600dpi 的掃描器掃描至電腦內，在影像處理軟體中設定為 2 倍數位解析度(即 1200ppi)後，再由印表機輸出，則照片的大小會變成多少？ (A)3×5 (B)1.5×2.5 (C)6×10 (D)1×2。

解：3×5 吋照片掃描後共有(3×600)×(5×600)點＝1800×3000 點。
高的尺寸=高的點數/解析度＝1800/1200＝1.5 吋
寬的尺寸=寬的點數/解析度＝3000/1200＝2.5 吋

9. 運算符號數目

例 1：(D) 以 2Bytes 編碼，最多可以表示多少個不同的符號？
(A)2　(B)128　(C)32768　(D)65536。

解：使用 n 位元最多能表示 2^n 種符號$=2^{16}=65536$ 種符號。

例 2：(A) 某一系統能表示 0～128 的所有整數，最少要用多少位元才可以表示這些符號？　(A)8　(B)10　(C)255　(D)256。

解：使用 n 位元最多能表示 2^n 種符號，0～128 的所有整數共 129 個符號。　$2^n \geq 129$　$\therefore n = 8$。

10. 10 進位與其他進位轉換

例：$20.375_{10} = (\qquad)_2 = (\qquad)_8 = (\qquad)_{16}$

解：10 進位轉成任何進位時，整數部分用除的，由下往上取餘數；小數部分用乘的，由上往下取整數。

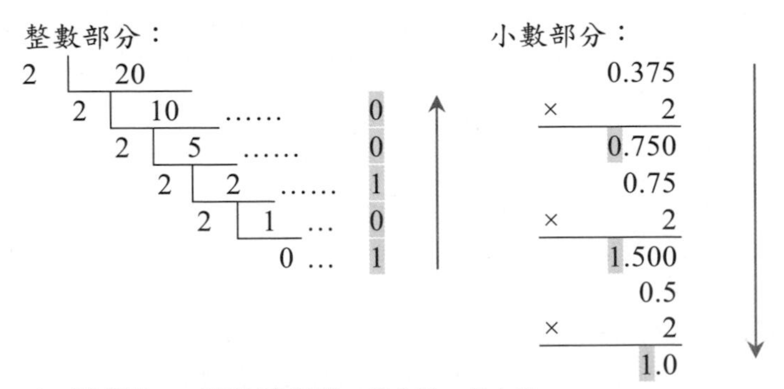

$\therefore\ 20.375_{10}=(10100.011)_2=(24.3)_8=(14.6)_{16}$。

11. ASCII 字元碼

例：(A) 已知“0”的 ASCII 碼二進位表示 00110000，請問“5”的 ASCII 碼十六進位表示為？　(A)35　(B)5　(C)05　(D)59。

解：5 的 ASCII 碼=0 的 ASCII 碼$+5_{10}$

$=00110000_2+5_{10}=48_{10}+5_{10}=53_{10}=35_{16}$

12. VB 排序

例 1：(B) 利用氣泡排序法排列 10 筆資料的順序，最多須做幾次的排序循環？　(A)10 次　(B)9 次　(C)5 次　(D)45 次。

解：若有 N 個數，須比較 N-1 回合，比較次數為 N×(N-1)/2 次。

∴須比較 10－1=9 回合

例 2：(C) 利用選擇排序法排列 6 筆資料的順序，其需比較次數為何？
(A)6 次 (B)5 次 (C)15 次 (D)21 次。

解：若有 N 個數，須比較 N-1 回合，比較次數為 N×(N-1)/2 次。

∴ 須比較 6×5/2＝15 次

13. VB 搜尋

例：(C) 若有 100 筆資料，以二分搜尋法尋找資料，最差的情況下需要找幾次？ (A)1 次 (B)6 次 (C)7 次 (D)100 次。

解：若比較次數最多為 X 次，則 2^X>＝100。

∴ 取 X 的最小值為 X=7

( ) 1. 魯夫帶了他的最新相機開始這次航海冒險，拍了一系列的驚險照片。若一張相片佔 2MBytes，則 5GB 行動隨身碟可存放幾張照片？ (A)640 (B)1280 (C)2560 (D)3200。

( ) 2. 下列敘述，何者正確？ (A)某微處理機執行速度為 5 MIPS，則執行 2 億個指令共需多少時間為 5 秒 (B)Intel i380-2.5GHz 的 CPU 時脈週期為 1ns (C)某一硬碟其轉速為 8000RPM，則此硬碟碟片旋轉一圈需時 7.5ms (D)1TBytes 的儲存容量等於 2^{10}MBytes。

( ) 3. 以一條傳輸速率為 10Mbps 的網路線直接連接主機 A 與主機 B，若主機 A 欲傳輸一個 5MB 的音樂檔案至主機 B，則傳送該檔案所需的傳輸時間最少為幾秒？ (A)1 秒 (B)2 秒 (C)4 秒 (D)8 秒。

( ) 4. 若設定螢幕解析度為 1024×768，全彩(24 bits/pixel)模式，試問一個 300×200 的對話方塊圖案，需佔用多少記憶空間？ (A)180KB (B)500KB (C)1MB (D)2MB。

( ) 5. 一張 3×2 吋大頭貼照片，利用掃描器掃描輸入電腦，掃描器的解析度設定為 600dpi，若以 2 倍解析度(即 1200dpi)的印表機將影像輸出，則印出的大小是？ (A)6×4 (B)1.5×1 (C)12×8 (D)3×2。

(　) 6. 某一軟體只能以 2Bytes 儲存一個符號，請問這個軟體能提供多少符號讓使用者使用？　(A)10^2　(B)65536　(C)32768　(D)4。

(　) 7. 航海寶藏圖中有各種各樣的神祕密碼符號，魯夫想將這 500 種符號用新科技的電腦系統表示，試問最少要用多少位元才可以表示這些符號？　(A)8　(B)9　(C)10　(D)128。

(　) 8. 下列敘述，何者正確？　(A)$182_{10}=10110100_2$　(B)八進位的 37 和 25 之值做 AND 運算後，其以 16 進位表示為 36　(C)十六進位值 52 等於十進位值 85　(D)已知"A"的 ASCII 碼二進位表示 1000001，則"S"的 ASCII 碼十六進位表示為 53。

(　) 9. 分別利用氣泡排序法及選擇排序法將以下資料：D、R、E、A、M、E、R、6 由小至小排列，需要幾次比較？　(A)氣泡：8 次，選擇：16 次　(B)氣泡：16 次，選擇：8 次　(C)氣泡：28 次，選擇：28 次　(D)氣泡：16 次，選擇：16 次。

(　)10.在 600 筆已由大至小排序好的資料中，用二元搜尋法搜尋某一筆特定資料(假定資料存在)，最多需要比較幾次可以搜尋到該筆資料？(A)8　(B)9　(C)10　(D)16。

1	C	2	C	3	C	4	A	5	D	6	B	7	B	8	D	9	C	10	C

1. 1GB=1024MBytes，(5×1024)/2=2560 張。
2. (A)5MIPS 表示每秒可執行 5 百萬個指令=5×10^6，故執行 2 億個指令所需時間=$(2\times10^8)/(5\times10^6)$=40 秒
   (B)2.5GHz 是每秒有 2.5×10^9 個時脈，一個時脈週期=$1/(2.5\times10^9)$=0.4ns
   (C)60/8000=0.0075 秒=7.5 ms
   (D)1TBytes=2^{20}MBytes。
3. 5MBytes/10Mbits=$(5\times10^6\times8$ bits$)/(10\times10^6$ bits$)$=4 秒。
4. 300×200×24 bits=60000×(24/8)Bytes≒176KBytes。
5. 列印的尺寸大小與印表機的解析度無關，所以列印出來的大小仍然是 3×2 吋。
6. 2Bytes=16bits，能提供的符號數=2^{16} 個=65536 個。
7. $2^n\geq500$⇨ n=9。
8. (A)$182_{10}=10110110_2$
   (B)$(37)_8$ AND $(25)_8$ =
   $(011111)_2$ AND $(010101)_2 = (010101)_2 = (21)_{10} = (15)_{16}$
   (C)$(52)_{16}=(82)_{10}$
   (D)S 的 ASCII 碼=$1000001_2+18_{10}=1010011_2=53_{16}$。
9. 氣泡排序法及選擇排序法比較次數相同：8×(8-1)/2=28 次。
10. 若比較次數最多爲 X 次，則 $2^X\geqq600$⇨取 X 的最小値爲 10。

單元 48 專有名詞

1. 科技生活

中文	英文	說　明
虛擬實境	VR	以電腦為主所設計的虛擬環境，用來模擬真實世界的技術
擴增實境	AR	將電腦產生的虛擬影像與真實世界中的環境相結合，產生混合影像，並可進行互動
人工智慧	AI	賦予電腦能像人一樣智慧思考的科學，表現出獨立思考的特性
韌體	Firmware	將運作的軟體存放在硬體內
	App	指智慧型手機及平板電腦上執行的應用軟體
	GIGO	輸入錯誤資料會產生錯誤結果，指輸入正確資料的重要性
資料處理	DP	將資料轉成資訊的過程
批次處理	Batch	適合大量且較不需立即處理的資料，如水電費處理
即時處理	Realtime	立即處理及回應，適合具時效性的資料，如導航系統
分時處理	Timesharing	各個工作輪流使用 CPU 來處理，如同時上網及列印資料

中文	英文	說　明
交談式處理	Interactive	以問答的方式，完成資料處理的工作，如自動櫃員機
連線(線上)處理	Online	CPU 和輸出入設備隨時保持連結狀態，如電腦與數據機連線
離線處理	Offline	CPU 和輸出入設備未保持連結狀態，如離線瀏覽網頁
集中式處理	Central	集中於某一部電腦處理，如網路線上測驗系統
分散式處理	Distributed	由分散各地的電腦處理，如單機測驗題庫再傳送至主機
主從式處理	Client-Server	由使用者在客戶端(Client)提出需求，透過網路交由伺服端(Server)執行，並將結果傳回客戶端，如瀏覽網站
資訊家電	IA	具備上網、資訊存取控制的功能，方便和資訊設備連結使用
體感遊戲		以人體動作取代搖桿、滑鼠來移動遊戲中的事物，如 Wii、Kinect、Sony 的@Move。
穿戴裝置		將網路科技與穿戴設備結合而成的多功能裝置，如 Google Glass、Apple Watch
生物辨識		透過電腦科技辨識如指紋、掌紋、虹膜等生物特徵，進行安全控管、個人身分辨識
影像辨識		針對影像特徵進行比對，以達到辨識與管理的目的。如酒標辨識 APP、植物辨識 APP。
資訊科技	IT	泛指處理資訊的技術
電腦輔助設計	CAD	利用電腦軟體在電腦上設計、規劃產品的圖形
電腦輔助製造	CAM	利用電腦控制產品的製造過程，使製造過程更有效率
電腦輔助工程	CAE	將工程的進行予以電腦化
電腦輔助軟體工程	CASE	利用電腦輔助軟體的開發
電腦整合製造	CIM	利用電腦控制產品的設計、測試、製造等一連串作業

中文	英文	說　明
個人工作室	SOHO	不必侷限固定的場所工作
	3A	辦公室自動化(OA)、家庭自動化(HA)、工廠自動化(FA)
	3C	電腦(Computer)、通訊(Communication)、消費性電子(Consumer Electronics)
電腦輔助教學	CAI	將教材做成電腦軟體，讓學生搭配學習使用
遠距教學		利用網路實施教學活動，任何時間都可以上課，不受時空限制
翻轉教室		一種課前預習、課堂上討論交流的教學形式
行動條碼	QR Code	二維空間條碼，3 個角有類似「回」的圖樣，用來幫助讀碼時的定位
大數據	Big Data	能夠處理更大量的資料，而且速度更快的技術
開放資料	Open Data	經過挑選與許可的資料，可以開放給社會大眾自由使用
物聯網	IoT	利用感測器取得物體訊息，並藉由網路來做訊息交換
無線射頻識別系統	RFID	可取代條碼的一種以無線電波傳送識別資料的辨識系統
近場通訊	NFC	短距離的無線通訊技術。設備能在近距離(20cm)內進行非接觸式點對點通訊，如交通卡、門卡、手機電子錢包等
電子商務	E-Business E-Commerce	以網路 24 小時服務的特質從事商業行為
行動商務	M-Commerce	利用行動裝置配合無線通訊方式從事有關商務的行為
企業對企業	B2B	上下游廠商之間資訊整合及交易，如：物流管理系統
企業對消費者	B2C	又稱消費性電子商務，如：網路書局
消費者對企業	C2B	以消費者為導向的行銷方式，主導權掌握在消費者上，如：愛合購 ihergo 團購網

中文	英文	說明
消費者對消費者	C2C	賣家無需成立公司，產品種類較為豐富、範圍較廣，可以運用部落格、網路拍賣平台進行行銷，如：網路拍賣
政府對民眾的服務	G2C	政府透過網路為民眾提供各種服務，如：稅務申報
政府對企業的服務	G2B	政府透過網路為企業提供公共服務，如：電子採購與招標
政府對政府的服務	G2G	行政機關之間的電子化政務，如：電子公文
線上對線下	O2O	業者利用網路進行線上(Online)廣告行銷活動，吸引消費者到實體店面線下(Offline)消費，實現線上銷售、線下服務的整合
行動支付		使用行動裝置進行付款服務，如：蘋果公司的 Apple Pay
數位貨幣		比特幣、以太幣、萊特幣
銷售時點系統	POS	用於統計商品庫存、銷售、顧客購買行為等，有效提升經營效率的電子系統
全球資訊網	WWW	以 http 通訊協定開啟超文件標示語言所撰寫的網頁
	Google Earth	地圖資訊內容由衛星所拍攝，清晰畫質和空拍圖相近
	Google Maps	可使用瀏覽器檢視某地點的地圖、聯絡資訊和行車路線
地理資訊系統	GIS	整合相關地理資料的資訊系統
全球定位系統	GPS	利用衛星及地面的接收器來定位，可運用於導航系統
輔助全球衛星定位系統	AGPS	藉由無線基地台信號和行動裝置(如手機)的 GPS 接收器完成定位
適地性服務	LBS	整合 GPS、行動通訊和 GIS 等技術，提供近距離的服務
維基百科	Wikipedia	容許任何上站的人不必登入、可以編修內容，供多人合力創作的開放式網站

中文	英文	說　　明
	YouTube	提供上傳、觀看及分享短片的網站
網路語音服務	VoIP	以封包的型式，透過電腦語音裝置進行電話交談，如 Skype 網路電話
檔案傳輸	Ftp	透過網路進行檔案的傳輸(上傳或下載)
電子佈告欄	BBS	網際網路上的佈告欄，如 PTT
隨選視訊	VOD	一種互動式的電視系統，觀賞者可以隨時選擇想看的電視節目或控制節目的播放
遠端登錄	Telnet	透過網路登錄(login)到遠端電腦主機，本地端電腦成為其終端機
檔案搜尋	Archie	尋找特定關鍵字檔案，再以 ftp 去抓取
網路電視	IPTV Web TV	利用網路傳輸節目內容，是一種互動式的隨選視訊，如：MOD(中華電信推出)、Apple TV 等
雲端運算	Cloud Computing	建立於網際網路上的運算方式，如：Google Docs(Google 文件)、MS Live Office、WebMail 等。三種服務模式：軟體即服務(SaaS)、平台即服務(PaaS)、基礎架構即服務(IaaS)
雲端儲存		網路線上儲存的模式，如：網路硬碟、線上儲存等。如：iCloud、Google Drive、DropBox 和 OneDrive

2. 硬體

中文	英文	說　　明
積體電路	IC	將電路所有元件如電晶體、電阻等濃縮在一片晶片
中央處理單元	CPU	電腦系統的核心，包含控制單元、算術邏輯單元(ALU)及部分的記憶單元
資料匯流排	Data Bus	半雙工傳輸，傳送資料
位址匯流排	Address Bus	單工傳輸，傳送資料在記憶體的位址，選擇欲使用的裝置
控制匯流排	Control Bus	單工傳輸，傳送控制訊號

中文	英文	說　　明
程式計數器	PC	一種暫存器，儲存 CPU 下一個要執行的指令位址
指令暫存器	IR	儲存 CPU 正在執行的指令
位址暫存器	MAR	存放CPU要存取的資料在主記憶體中的位址
累加暫存器	ACC	儲存 ALU 計算產生的中間結果
旗標暫存器	FR	可隨時記錄 CPU 執行完各種運算後的狀態
機器週期	Machine Cycle	指令運作順序：擷取指令→指令解碼→執行指令→回存結果。擷取及解碼合稱擷取週期(Fetch cycle)，執行及儲存合稱執行週期(Execute cycle)
平行處理		CPU 同時處理多個執行緒，以加快處理速度，多核心 CPU 可以充份發揮平行處理的效果
管線運算		將指令週期切割成多個單位，即使第一個指令尚未完成，也可開始執行下一個指令，藉以提高 CPU 執行的效率
隨機存取記憶體	RAM	可讀取及寫入資料，電源消失時儲存的資料也會消失
動態隨機存取記憶體	DRAM	製造元件為電容器，需週期性充電，一般個人電腦所指的記憶體
靜態隨機存取記憶體	SRAM	製造元件為正反器，不需週期性充電，可作快取記憶體
唯讀記憶體	ROM	可讀取但不能寫入資料，電源關閉後資料仍會保留
快閃記憶體	Flash ROM Flash Memory	具電源消失資料仍會保留及資料可讀寫的特性，應用在記憶卡、隨身碟、主機 BIOS 等
快取記憶體	Cache Memory	採 SRAM 材質，用來存放常用程式指令與資料，提昇電腦執行速度
虛擬記憶體	Virtual Memory	將部分硬碟空間當作主記憶體，彌補主記憶體空間不足
虛擬磁碟機	RAM Disk Virtual Disk	將部分主記憶體空間當作磁碟，加快存取速度

中文	英文	說　　明
資料緩衝區	Data Buffer	提供程式執行列印、讀取資料時，存取資料記錄的暫時儲存區
固態硬碟	SSD	採用 Flash Memory 的儲存媒體，沒有轉速，具低功耗、無噪音、抗震動、產生較低熱量的特點
混合式硬碟	SSHD	結合傳統硬碟(容量大)和固態硬碟(速度快)的優點
不斷電系統	UPS	可在電力中斷後，繼續提供電力
網路攝影機	WebCam IPCAM	經由網路可觀看即時影像
行動高畫質連結技術	MHL	使用 micro-USB 連接行動裝置至電視播放，可替裝置充電
	PS/2	序列傳輸，連接 PS/2 規格的鍵盤和滑鼠
序列埠、串列埠	Serial Port，RS232C	序列傳輸，分為 COM1 及 COM2，連接滑鼠、撥接數據機
平行埠、並列埠	Parallel Port	一般稱為 LPT1，並列傳輸，連接印表機、掃描器
通用序列匯流排	USB	序列傳輸，具熱插拔及 P&P，最高連接 127 個周邊設備，能提供電源充電，支援的設備如數位相機、隨身碟等
火線	IEEE1394 (FireWire)	序列傳輸，具熱插拔及 P&P，最高連接 63 個設備，能提供電源充電，支援的設備如數位相機、DV 攝影機
	HDMI	序列傳輸，具熱插拔及 P&P，屬於影音傳輸介面，可傳送影音的數位訊號
	DisplayPort	序列傳輸，具熱插拔及 P&P，可連接 1 個以上的螢幕組成電視牆，主要用來連接螢幕、家庭劇院設備
	Thunderbolt	序列傳輸，具熱插拔及 P&P，最高連接 6 個設備，能提供電源充電，可用來連接螢幕、外接顯示卡、外接式硬碟
	RJ-45	序列傳輸，連接網路線

中文	英文	說　　明
	PCI	並列傳輸，連接各種介面卡，可安插網路卡、音效卡等
	AGP	並列傳輸，只可安插顯示卡
	PCI Express	序列傳輸，可用來連接各種介面卡及顯示卡
	IDE	並列傳輸，1 條 IDE 排線最多可連接 2 個設備
	SATA eSATA	序列傳輸，1 條 SATA 排線只可連接 1 個設備。eSATA 是 SATA 的外接延伸連接埠，通常用來連接外接式硬碟
	SCSI	並列傳輸，最多連接 15 個設備，用來連接硬碟或光碟機
序列式 SCSI	SAS	序列傳輸，最多連接 8 個設備，與 SATA 裝置相容
磁碟陣列卡	RAID Card	組合多個硬碟成為 1 個邏輯磁區，適用於大容量儲存空間、伺服器電腦
紅外線通訊	IrDA	使用紅外線傳輸，有傳輸夾角限制，不能穿透牆壁
藍牙	Bluetooth	使用無線電傳輸，沒有傳輸夾角限制，常用於免持聽筒等
基本輸入/輸出系統	BIOS	儲存於主機板上 ROM 中的軟體，可設定 CMOS 的內容，不能設定螢幕解析度，電源關閉後資料不會消失
統一可延伸韌體介面	UEFI	新一代 BIOS 的替代方案，定義作業系統與韌體之間的軟體介面
互補金屬氧化半導體	CMOS	位於主機板上的硬體裝置，內容可更改，儲存磁碟機的規格、開機順序、系統日期及時間等
美國國家標準交換碼	ASCII	現今多數的電腦系統大都採用 8bits，字元 ASCII 碼大小順序：空白＜數字＜大寫字母＜小寫字母
繁體中文內碼	BIG-5	國內盛行的中文內碼，中國大陸採用的標準內碼稱為 GB 碼(國標碼)

中文	英文	說　　明
萬國碼	Unicode	使用 2 Bytes 編碼，完整收集全世界各大語系的文字

3. 軟體

中文	英文	說明
作業系統	OS	電腦硬體與應用軟體之間溝通的橋樑
核心程式	Kernel	開機時先被載入的程式，負責軟硬體控制及資源分配。
單人單工		同一時間只能一個人操作，一次執行一個程式
單人多工		同一時間只能一個人操作，能同時執行多個程式
多人多工		同一時間允許多人同時操作，能同時執行多個程式
圖形使用者介面	GUI	以圖示做為使用者操作的介面
隨插即用	P&P (Plug & Play)	硬體插入朧腦時會自動辨識並安裝驅動程式
動態資料交換	DDE	利用「剪貼簿」於不同應用軟體間交換資料
物件連結與嵌入	OLE	可連結或嵌入不同軟體的物件
修正程式碼	SPn	微軟針對 Windows 的錯誤所公佈的修補程式
	Windows 10	微軟的最新作業系統
	MS-DOS	微軟的純文字介面作業系統
	UNIX	美國貝爾(Bell)實驗室所開發多人多工作業系統
	Linux	開放原始碼的多人多工作業系統，屬於自由軟體
	Mac OS	Apple 的作業系統，廣泛應用於出版及音樂專業領域
	Chrome OS	Google 開發以 Linux 為基礎的雲端作業系統
	iOS	iPhone 使用的行動作業系統

中文	英文	說明
	Android	開放原始碼的行動作業系統
網路作業系統	NOS	能用來做為網路伺服器(Server)的多人多工作業系統
絕對路徑		包含完整的路徑，包括磁碟機、資料夾和檔案名稱
相對路徑		相對於現在目錄的路徑
電腦系統管理員	Administrator	Windows 作業系統的最高權限帳戶名稱
磁碟重組		將磁碟中的檔案重組整理，提升系統存取檔案的效率
磁碟清理		清除電腦中可安全刪除的檔案
磁碟檢查		檢查磁碟的邏輯與實體錯誤
磁碟分割		將一個磁碟分割成數個不同的磁碟區
系統還原		將電腦還原到先前設定的時間點
系統備份		建立系統磁碟映像檔，必要時可將備份檔還原
檔案配置表	FAT32、NTFS、exFAT	作業系統用於記錄硬碟上檔案存儲位置的方法，NTFS 提供了更好的性能、穩定性和磁碟的利用率
資料庫管理系統	DBMS	管理資料庫內資料存取的系統，為使用者和資料庫間的介面

4. 網路

中文	英文	說　明
區域網路	LAN	短距離內的網路，如：校園網路
都會網路	MAN	都市型的網路，如：台北市 WIFLY 無線寬頻網路
廣域網路	WAN	範圍較廣的網路，如：網際網路
主從式網路	Client-Server	網路上的電腦區分成伺服器及客戶端，由伺服器提供資源，屬於集中管理，如：HTTP、FTP 傳輸

中文	英文	說　　明
點對點網路	P2P	網路上的電腦能彼此分享資源，屬於分散管理，安全性較差，如：P2P 傳輸
單工傳輸	Simplex	資料只能單方向傳輸，如：廣播、電視、電腦列印資料
半雙工傳輸	Half-Duplex	資料可以雙方向傳輸，但在任一時刻只能單向，如：無線電對講機、傳真機
全雙工傳輸	Full-Duplex	資料可以同時雙方向傳輸，如：電話、ADSL 數據機、電腦和電腦之間
並列傳輸	Parallel	一次同時傳輸多個位元，傳輸速率快，線路多，成本高，僅限短距離使用
序列傳輸	Serial	一次只傳輸 1 個位元，傳輸速率較慢，成本較低，可遠距離傳輸
基頻傳輸	Baseband	以「數位」訊號傳輸資料，同一時間只能傳輸一種信號，例：乙太網路
寬頻傳輸	Broadband	以「類比」訊號傳輸資料，同一時間能傳輸多種訊號，如：ADSL 有線網路
網際網路	Internet	前身為 1969 年美國國防部成立的 ARPANET 網路
商際網路	Extranet	企業之上、下游相關企業所共同構成的網路
企業網路	Intranet	將網際網路技術應用到企業組織內部
台灣學術網路	TANet	免費提供學術及學校師生使用
網際網路服務提供者	ISP	能夠提供連線服務的單位，如：TANet、HiNet(中華電信)
網際網路內容提供者	ICP	網路上提供各種服務內容的廠商，如：Yahoo!奇摩、PChome、HiNet
非對稱數位用戶線路傳輸	ADSL	上傳速率＜下載速率；每個用戶獨享頻寬，安全性較佳
有線電視網路	CATV	用戶共用同一線路所以安全性較差，屬於共享頻寬

中文	英文	說明
分散式光纖網路	FDDI	一種使用光纖的電腦網路
光纖到府	FTTH	光纖傳輸速度快，訊號不易受干擾。高速傳輸有助於未來的其他運用，如IPTV、數位家庭、遠端監控等
光纖到大樓	FTTB	
光纖到路邊	FTTC	
熱點	Hotspot	在公共場所(圖書館、學校、車站等)提供可以無線上網(Wi-Fi)的AP
雙絞線	Twisted Pair	採用RJ-45接頭，使用於網路的雙絞線分7個等級，等級愈高支援的傳輸率就愈高，易受雜訊干擾
同軸電纜	Coaxial Cable	分粗、細同軸電纜，採用BNC接頭，較雙絞線不易受雜訊干擾
光纖	Fiber	材質為細如髮絲的玻璃纖維，傳輸速率快，干擾少，安全性高
紅外線	IR	有接收角度限制，易受天候、強光的影響，並且容易遭到竊聽，應用：無線滑鼠、無線印表機、無線鍵盤
無線電波		穿透力強、不受限於傳輸方向、不易受天候影響，應用：廣播、RFID、藍牙、Wi-Fi、手機
微波		易受干擾，以直線方式傳送，基地台間不能有障礙物，距離遠時須設中繼站，應用：GPS、SNG(即時電視新聞)
人造衛星		傳輸快、可長距離傳輸，應用：現場實況節目轉播
網路卡	NIC	負責傳輸媒體與電腦的連接和訊號的轉換
數據機	Modem	轉換電腦的數位訊號與電話線中的類比訊號
中繼器	Repeater	用來接收、修補、強化訊號，以延長網路傳輸距離
集線器	Hub	星狀網路的中心設備，會將接收到的訊號傳送給所有連接埠，具有不能同時收送資料的半雙工傳輸特性

中文	英文	說　　明
橋接器	Bridge	用來連接二個以上具有相同資料連結層協定的網路
路由器	Router	利用封包中的IP位址傳輸和找出最佳路徑的功能，可作為區域網路(LAN)與廣域網路(WAN)連接的重要橋樑
交換器	Switch	能根據目的地選擇合適的連接埠傳送，可降低資料碰撞，每個連接埠擁有獨立頻寬，具備雙工傳輸能力，效率較佳
閘道器	Gateway	連接通訊協定完全不相同的二個網路，負責處理不同通訊協定的轉換
IP 分享器(寬頻分享器)		具有 NAT 協定及 DHCP Server 功能的集線器，能動態分配虛擬 IP 給連接的電腦使用，提供多個使用者(電腦)共用一個網路連線帳號
網路位址轉換	NAT	一種可讓多台電腦共用 1 個 IP 位址連上 Internet 的技術。
網路拓撲	Topology	網路佈線方式，可分成星狀網路(Star)、環狀網路(Ring)、匯流排網路(Bus)、網狀網路/或稱混合式(Mesh)等。
網域名稱伺服器	DNS Server	負責 IP 位址與網域名稱轉換
動態主機設定伺服器	DHCP Server	負責分配動態IP位址及相關網路設定給客戶端
檔案傳輸伺服器	FTP Server	提供各式檔案供網友下載的主機
代理伺服器	Proxy Server	具快取功能,用來降低網際網路上傳輸負載的主機，也可當防火牆，保護自己的網路系統
開放式系統連接參考模式	OSI	定義 7 層次的網路通訊架構
實體層	Physical Layer	OSI 第 1 層，定義網路傳輸中的各種設備規格
資料連結層	Data Link Layer	OSI 第 2 層，加入 MAC 位址制定訊框(Frame)，解決資料碰撞

中文	英文	說　　明
網路層	Network Layer	OSI 第 3 層，加入 IP 位址產生資料封包(packet)，負責兩端點的路徑管理
傳輸層	Transport Layer	OSI 第 4 層，監督資料封包傳輸的正確性、可靠性
交談層	Session Layer	OSI 第 5 層，負責使用者連線管理
表達層	Presentation Layer	OSI 第 6 層，將資料轉為電腦能處理的格式，如：加、解密
應用層	Application Layer	OSI 第 7 層，負責使用者與網路間的溝通
通訊協定	Protocol	網路上硬體及軟體之間通訊的共同協定，如 TCP/IP
	TCP/IP	網際網路、UNIX 採用的通訊協定
	HTTP	WWW 傳輸協定
	FTP	檔案傳輸協定
	TELNET	遠端登錄協定
	mailto	啟動電子郵件軟體寄送信件
簡易郵件傳送協定	SMTP	郵件伺服器上的發信協定
電子郵件接收協定	POP3	郵件伺服器上的收信協定
網際網路訊息接收協定	IMAP	可直接在主機上編輯郵件，如 web mail
載波感測多重存取／碰撞偵測	CSMA/CD	乙太網路(Ethernet)採用的協定
乙太網路	Ethernet	利用 CSMA/CD 技術，以 802.3 通訊協定定義的區域網路架構
無線區域網路	WLAN	使用 802.11 協定，採用無線電波傳輸的區域網路架構
	Wi-Fi	無線通訊網路產品互通性的認證標籤
	IEEE802.11	使用無線電傳輸，適合使用在無線區域網路

中文	英文	說　　明
無線基地台	AP	無線區域網路的傳輸中心
全球互通微波存取	WiMAX	使用 IEEE 802.16 乙太網路協定，採用無線電波傳輸，應用於行動無線上網、無線都會網路等
長期演進技術	LTE	透過修改 3G 基地台跟無線網路的無線通道技術，提升無線傳輸效率，LTE-A(俗稱 4.5G)傳輸速率更高
IP 位址	IP Address	網際網路每一部電腦都有唯一的 IP 位址
IPv4 標準		一個 IP 位址由 4 組數字組成，每組範圍 0~255，每組用 1Byte(8 位元)表示，長度為 4Bytes(32 位元)
IPv6 標準		一個 IPv6 位址由 8 組數字組成，每組範圍 0～65535(十六進位 0000～FFFF)，每組用 2Bytes(16 位元)表示，長度為 16Bytes(128 位元)
網路卡實體位址	MAC Address	每一片網路卡都有獨一無二的卡號，由 6 組數字組成，每組佔 1Byte，數字範圍是 00~FF
子網路遮罩	Subnet Mask	用來分辨兩個 IP 位址是否屬於同一子網路環境
虛擬 IP(私有 IP)		提供給內部區域網路使用，無法連上 Internet，可用來解決真實 IP 不敷使用的問題
動態 IP 位址	Dynamic IP Address	同一客戶端電腦被分配到的 IP 位址可能不同
全球資源定址器	URL	俗稱「網址」，用來標示網際網路所提供資源的方式，如：http://www.edu.tw
網際網路名稱與數字地址分配機構	ICANN	美國加利福尼亞的非營利社團，管理網域名稱和 IP 位址的分配
台灣網路資訊中心	TWNIC	台灣地區網域名稱的管理單位
首頁	Home Page	網站中第一個被瀏覽的網頁，主檔名通常為 index 或 default

中文	英文	說　　明
超文字標註語言	HTML	一種網頁設計語言
虛擬實境建模語言	VRML	用來描述立體空間虛擬實境的檔案格式
可延伸標示語言	XML	可自行定義標籤的網頁設計語言
可擴展超文件標示語言	XHTML	XHTML 承襲 HTML 語法，但語法限制更嚴謹，同時和原本的 HTML 相容
	CGI	一種伺服端和客戶端之間的標準介面，常用來設計網頁資料庫存取
內容管理系統	CMS	整合網頁設計和網站架設，加快網站開發和減少成本，如：XOOPS、Joomla！和 Drupal
階層樣式表	CSS	用來定義網頁內容(如文字、表格、圖片等)的樣式及特殊效果的標準，可建立風格統一的網站
響應式網頁設計	RWD	使用 CSS 設計網頁，以百分比(不用像素)的方式做畫面寬度設計，可使網頁頁面在桌機、智慧手機及平板等不同畫面解析度(不同設備)下皆可正常瀏覽
結構化查詢語言	SQL	屬於關聯式資料庫的標準語言
	RSS	訂閱 Blog、新聞及留言板等服務

5. 影音多媒體

中文	英文	說　　明
像素	pixel	影像顯示的基本單位
點陣圖	Bitmap	數位影像由像素排列而成，檔案內儲存了每個像素的色彩
向量圖		利用數學運算儲存圖形的大小、位置、方向及色彩等資訊
設備解析度	dpi	每英吋包含的點數，如印表機解析度
數位解析度	ppi	每英吋包含的像素量，如影像解析度

中文	英文	說　　明
RGB 模式		顏色的表示是以紅(Red)、綠(Green)、藍(Blue)三原色
CMYK 模式		顏色的表示是以青(C)、洋紅(M)、黃(Y)、黑(K)四色
色加法		色彩越加越亮，如：RGB 模式
色減法		色彩越加越暗，如：CMYK 模式
赫茲	Hz	聲音頻率的單位
分貝	dB	聲音大小的單位
取樣頻率		每秒對聲波取樣的次數，單位為 Hz
影格速率	Frame rate	每秒可以播放的畫面數(fps)
位元率	bit rate	每秒鐘傳遞資料的位元數(bps)
	MP3	屬於 MPEG-1 標準中的聲音壓縮技術
	MPEG-1	VCD 採用的影音壓縮技術
	MPEG-2	DVD 採用的影音壓縮技術
	MPEG-4	壓縮比高於 MPEG-2，常用於網路多媒體檔案的壓縮
	DivX/XviD	採用 MPEG-4 壓縮技術的串流影音檔
串流	Streaming	影音資料在 Internet 上一邊傳輸一邊播放的下載技術

6. 軟體授權

中文	英文	說　　明
智慧財產權		包含商標權、專利權、著作權
©著作權	Copyright	法律賦予著作人對其著作的保護，限制他人使用的自由
🄯著佐權	Copyleft	仍保有著作權，允許他人修改和散佈作品
免費軟體	Freeware	有著作權，使用者不必付費即可複製、使用，但不能複製給其他人
共享軟體	Shareware	有著作權，需繳費予原著作權人始可合法使用

中文	英文	說明
公共財軟體	Public Domain Software	不具有著作權，不必付費即可複製、使用
自由軟體	Free Software	有著作權(GPL 授權)，允許使用者複製、使用、修改、自由販售，開放原始碼
創用 CC	Creative Commons	保留部分權利，讓著作人可以釋出著作的部分權利給大眾合法引用
姓名標示	Attribution	必須保留著作者的姓名標示
非商業性	Noncommercial	僅限於非商業性目的
禁止改作	Attribution	不得改作產生衍生著作
相同方式分享	Share Alike	必須採用與原著作相同的授權條款

7. 資訊安全、電腦病毒

中文	英文	說明
駭客	Hacker	試圖以破解某系統或網路的方式，提醒系統所有者電腦保安的漏洞
怪客	Cracker	入侵他人電腦竊取或破壞資料者
	Cookie	收集網站使用者資訊，可能會對隱私權造成風險
防火牆	Firewall	保護內部網路免於外界入侵，也可以用來加強內部網路安全
入侵偵測系統	IDS	用來偵測可能危及電腦和網路安全的攻擊，常用的偵測方式有特徵偵測、異常偵測
虛擬私有網路	VPN	大型企業在各地據點或分公司之間利用密碼學技術建立安全網路通道，確保流通資訊的安全
秘密金鑰密碼術	Secret Key Cryptography	屬於對稱密碼術，採用相同的金鑰(Key)加解密
公開金鑰密碼術	Public Key Cryptography	屬於非對稱密碼術，每人均有公開及私人二把金鑰，具有相關性

中文	英文	說　　明
數位簽章	Digital Signature	傳送端以其「私人金鑰」產生簽章，接收方使用傳送端「公開金鑰」驗證簽章是否正確，可確定資料由傳送端發出，且能確保文件未曾受到任何篡改的完整性，如：網路報稅
秘密通訊		傳送端以「接收方的公開金鑰」加密，接收方以其「私人金鑰」才能解密，可確保只有收件人才能解密及閱讀
憑證管理中心	CA	具公信力的第三者，對個人及機關團體提供認證及憑證簽發管理等服務，例如：內政部憑證管理中心(MOICA)
數位憑證	Digital Certificate	包含持有人的資料及公開金鑰，自然人憑證(網路身分證)可向內政部憑證管理中心提出申請，使用如：網路報稅、電子公路監理站報繳規費等服務
電子商務安全交易	SET	由 VISA、Master 等信用卡公司與某些網路軟硬體廠商所共同制訂的網路付款交易安全機制，買賣雙方都必須取得數位憑證才能進行交易，可確認彼此身分的真實性
安全介面層協定	SSL	資料在網路上以加密的格式傳送，普遍應用於瀏覽器中，瀏覽器的 URL 出現『https』時，表示具有 SSL/TLS 加密保護機制。商家須先申請 SSL 數位憑證安裝到伺服器中，消費者則不必申請個人數位憑證，使用上比 SET 方便
傳輸層安全協定	TLS	
電腦病毒	Virus	具破壞力的程式，會進入記憶體(RAM)中進行感染及破壞，如：開機型、檔案型、巨集型、蠕蟲(Worm)、 特洛依木馬、USB 蠕蟲、間諜程式
惡意軟體	Malware	未明確提示或未經許可在用戶電腦安裝軟體，侵犯合法權益，如廣告軟體(adware)等
漏洞		電腦軟體設計瑕疵，給予駭客攻擊的弱點
猜密碼		不斷猜測帳號與密碼，以入侵電腦

中文	英文	說　明
郵件炸彈	E-mail Bomb	不斷寄信導致信箱儲存空間不足以存下所有寄來的郵件
邏輯炸彈	Logic Bomb	符合預設條件(如特定日期)便啟動，造成檔案損毀或當機
特洛依木馬程式	Trojan Horse	後門程式進駐系統(建立後門)以便入侵，或竊取機密資料
鍵盤側錄	Keylogger	取得電腦鍵盤按過的按鍵，擷取輸入的資料，如用戶帳號及密碼、信用卡號碼
勒索軟體	Ransomware	加密檔案或鎖住電腦系統，必須付清贖金才能解密檔案或解鎖電腦
DoS 阻絕服務	Denial of Service	瞬間產生大量封包，導致系統癱瘓
網路釣魚	Phishing	仿製網站登錄頁面，誘使使用者登入，騙取帳號、密碼
網頁掛馬		設立惡意網站吸引使用者，瀏覽該網站就可能會被植入木馬程式或間諜軟體
殭屍網路	BotNet	被入侵的電腦成為駭客可以從遠端操控的機器
資料隱碼	SQL Injection	將攻擊指令藏於查詢命令 SQL 中，以便入侵資料庫系統
零時差攻擊	Zero Day Attack	事先取得軟體進行破解，針對軟體漏洞進行攻擊
跨站腳本攻擊	XSS	入侵網站伺服器並植入惡意程式，瀏覽網頁時受到不同程度的影響
社交工程	Social Engineering	利用套關係、冒充權威人士等來降低戒心，趁機騙取資料

8. 程式語言

中文	英文	說　明
演算法	Algorithm	表達解決問題先後順序和步驟的方法
流程圖	Flowchart	用特定的圖形符號表達解決問題的程序
虛擬碼	Pseudo code	描述演算法的一種方法

中文	英文	說　　明
結構化程式		程式設計基本控制結構：循序、選擇、重複
低階語言		撰寫不易、可攜性低、執行速度快，如機器語言
高階語言		撰寫較容易、可攜性高、執行速度較慢，如VB
組譯器	Assembler	將組合語言翻譯成機器語言，如 MS Assembler
直譯器	Interpreter	將高階語言翻譯成機器語言，逐行翻譯，如QBASIC
編譯器	Compiler	將高階語言翻譯成機器語言，一次翻譯，如VB
物件	Object	任何具體或抽象的事物
類別	Class	具有類似性質的物件所組成
屬性	Property	物件的外觀特性
事件	Event	驅動物件執行反應的動作
方法	Method	物件本身擁有的能力
封裝	Encapsulation	將資料和處理程序封裝在物件中
繼承	Inheritance	新的物件可以繼承原來物件的能力
多型	Polymorphism	子類別可依需要重新改寫由父類別繼承下來的方法
傳址呼叫	ByRef	共用記憶體位址，主程式的資料會因副程式而改變
傳值呼叫	ByVal	不共用記憶體位址，主程式的資料不會因副程式而改變
循序搜尋	Sequential Search	從第一筆資料開始一筆一筆往下尋找
二分搜尋	Binary Search	將欲查詢的資料與一組資料中的中間值做比較
氣泡排序	Bubble Sort	相鄰兩資料比較的方法
選擇排序	Selection sort	尋找最大或最小值，與前面尚未排序的資料交換

單元 49

不知不可

1. 物聯網(Internet of Things, IoT)
   (1) 1998 年，美國麻省理工學院愛斯頓（Kevin Ashton）提出物聯網（Internet of Things，簡稱 IoT）這個名稱，所謂物聯網是指透過全球化網際網路的資料擷取以及通訊能力，連結實體物件與虛擬數據，進行各類控制、偵測、識別及服務。
   (2) 利用感測器取得實體物件的訊息，並讓這些物件藉由網路來做訊息的交換，形成物聯網。「物聯網」不只是把物件聯結成一個網路而已，更重的是要讓設備和設備之間可以互相交換資料並溝通，例如自動販賣機會偵測飲料的數量，如果不足時會主動告訴廠商的主機要來補貨等。
   (3) 物聯網可應用於家電產業、智慧運輸、物品識別、設備管理等。
2. Open Data(開放資料) 與 Big Data(大數據)
   (1) Open Data(開放資料)是指資料可以被任何人所使用，而且是可以重製與修改的資料格式，重點是沒有任何使用或散布的限制，因此 Open Data 是一種強調「開放」的精神與態度。
   (2) Open Data 適用在交通運輸、教育及健康醫療等領域，政府機關的開放資料也為創業者提供了許多機會。舉例來說，當市政府釋出運輸資料，軟體開發商可以使用這些開放資料來為通勤者設計應用程式，例如「台北等公車 APP」。另外，Google 公司使用 GPS 資料集和其他的政府開放資料，也打造出 GoogleMaps 和 Google Earth 等多種應用程式。

(3) Big Data(大數據)是指能夠處理更大量的資料，而且速度更快的技術。大數據重點在分析一堆大量且快速增加的各種類型資料，是獲取「價值」的一種架構和技術。

(4) Big Data 有三種特性：Volume(資料量龐大)、Velocity(資料增加速度快)、Variety(資料多樣性)。例如行動運算與社交網路的風行，使得資料增加的速度愈來愈快，也愈來愈多，科技人員必須設法提升資料處理與分析的速度，讓企業或組織從大量資料中發掘出潛藏的有用資訊，以提供決策人員參考。

(5) 科技的進步加上資料的開放，每天所累積的資料量非常驚人，而如何處理這麼大量的資料就是Big Data所需解決與處理的問題。

3. Wi-Fi 網路使用的加密協定

(1) Wi-Fi 加解密協定：用來保護無線網路(Wi-Fi)的資料安全，常見的有 WEP、WPA。

(2) WEP(Wireless Encryption Protocol，無線加密協定)：1999 年 9 月通過的 IEEE 802.11 標準的一部分，不過已經被發現好幾個破解弱點，在 2003 年被 WPA 取代，而於 2004 年 WPA2 改進了 WPA，成為新一代 Wi-Fi 的加解密協定。

(3) WPA(Wi-Fi Protected Access)：有 WPA 和 WPA2 兩個標準，WPA 可以使用動態變更鑰匙的 TKIP 協定(Temporal Key Integrity Protocol，臨時鑰匙完整性協定)，並加長金鑰，可以防止針對 WEP 的「金鑰擷取攻擊」。WPA2 提供不同於 WPA 的加解密法(AES)及資料驗證法，現行的 Wi-Fi 設備都提供 AES 和 TKIP 加密協定讓使用者選用。

4. 雲端運算(Cloud Computing)

(1) 雲端運算是一種建立於網際網路上的運算方式，把所有的資料和要執行的軟體都放到網路的雲端伺服器，透過任何一種能上網的工具都可以用來處理和存取網路上的資料。

(2) 服務模式：美國國家標準和技術研究院的雲端運算定義中列出以下三種服務模式。

- 軟體即服務(SaaS)：軟體服務供應商以租賃的概念提供客戶服務，而非購買，比較常見的模式是提供一組帳號密碼給消

費者使用，例如：消費者向微軟租用 Office 365。

- 平台即服務(PaaS)：雲端服務供應商提供租用應用程式開發平台的服務，讓消費者可以使用主機操作應用程式。例如：Adobe 公司租用一個平台供開發及執行 Photoshop 之用。
- 基礎架構即服務(IaaS)：雲端服務供應商提供租用基礎運算資源，讓消費者能掌控作業系統、儲存空間、已部署的應用程式及網路元件(如防火牆、負載平衡器等)。例如：Amazon 租用一群具有平衡負載的基礎架構。

(3) 雲端運算的相關應用：Google Docs、MS Live Office、WebMail、網路相簿、網路硬碟、線上備份等。

5. USB OTG(USB On-The-Go)

(1) USB OTG 能夠在不透過電腦的情況下，讓各種不同的設備進行資料交換，它可以外接儲存、輸出入等設備，而且可以直接讀取已連接好的儲存設備中的內容。

(2) 具備 OTG 功能的手機，透過 USB OTG 連接線，可在手機上瀏覽儲存於 USB 隨身碟中的檔案。數位相機和印表機，透過 OTG 技術連線兩台設備常見的 USB 接頭，可立即相片列印出來。

6. Lightning 與 Thunderbolt

(1) Lightning 是由蘋果公司所製作的專屬連接器規格，使用在 iPhone、iPod等手持式消費性電子產品，正反面皆可插，尺寸與Micro USB相近。

(2) Thunderbolt 是由英特爾發表的連接器標準，與蘋果公司共同研發，接頭採用蘋果的 Mini DisplayPort 外形，傳輸速度達 10Gbp，可連接 Apple Thunderbolt Display 同時輸出視頻、聲音與數據。

7. USB 3.1 與 USB Type-C

(1) USB 3.1 是 2014 年公布最新的USB連接介面版本，傳輸速度可達 10Gbps，其連接介面包括 Type-A、Type-B 以及全新設計的 Type-C。

(2) Type-A 是目前應用最廣泛的介面，例如 USB 滑鼠；Type-B 應用於較大型的周邊設備，例如 USB 雷射印表機；Type-C 則是一種結合多種功能的傳輸介面。

(3) USB Type-C 的特點：
- 尺寸更小，而且正反面都可以插。
- 支援高畫質影音傳輸。
- 速度可達 10Gbps，比 USB 2.0 快了 20 倍以上。
- 充電速度更快，只要花原本一半的時間即可。
- iphone 和 Android 手機皆可使用。

8. 勒索軟體(Ransomware)

(1) 俗稱勒贖病毒，感染途徑與木馬程式一樣，例如：點選有木馬程式的連結(網頁)，透過網頁掛馬、電子郵件、惡意廣告及不實 App 等方式入侵電腦。

(2) 勒贖軟體會將受害者電腦中的檔案加密，使其無法開啟，或鎖住受害者的電腦系統，導致無法開機。受害者必須付清贖金後才能將檔案解密或電腦解鎖。

(3) 例如勒贖病毒 Petya，它是藉由電子郵件偽裝成徵才的求職信，受害者打開附加病毒的執行檔後會使電腦當機，重新開機後，電腦螢幕上呈現一個用「$」符號組成的骷髏頭紅色畫面，並要求付贖金才能解開。

9. 比特幣(Bitcoin)

(1) 比特幣由中本聰(Satoshi Nakamoto)於 2009 年所創立，是使用數位加密演算法所產生的一種虛擬貨幣。

(2) 人人都可以參與比特幣的挖掘，只要遵循規定，透過特定的軟硬體設備解答數學難題，就有機會產出比特幣，此種行為稱之為「挖礦」。

(3) 比特幣採用密碼技術來控制貨幣的生產和轉移，產出數量有限制，具有隱秘性，而且不必經過第三方金融機構，因此得到越來越廣泛的應用，使用者利用加密錢包軟體就能在網路上直接交易。

(4) 目前比特幣已經被許多國家及企業所認可，可用來購買商品或交換實體貨幣，但也有部分人認為這雖是一項金融創舉，但也是一種金融風險，是否接受比特幣，還有待考驗。

10. 人工智慧(AI, Artificial Intelligence)

(1) 人造機器所表現出來的智慧，實現人工智慧常見的技術有類神經網路、機器學習與深度學習。

(2) 類神經網路(Artificial Neural Network)：用電腦來模擬人類腦神經細胞網路的科學，電腦藉由不同演算法的訓練，使其具有像人類一樣解決問題的能力。

(3) 機器學習(Machine Learning)：讓電腦能夠利用資料或以往的經驗，自動改進演算法的效能。

(4) 深度學習(Deep Learning)：具有更多層神經細胞網路的類神經網路，如同電腦能夠往更深一層的學習。

(5) 人工智慧應用的領域：專家系統、影像辨識、自然語言處理、生物特徵識別、機器人、人工智慧遊戲、大數據分析等。

Line考題！

( ) 1. 佛朗基的能量來源是「可樂」，當他肚子中的可樂不足時，會自動搜尋距離最近的可樂供應商以便補充能量，請問這是下列何種科技概念的應用？ (A)擴充實境 (B)物聯網 (C)電子市集 (D)雲端運算。

( ) 2. 下列何者不屬於 Open Data 的應用？ (A)等公車 App (B)Google Map (C)通訊軟體 Line (D)不動產實價登錄。

( ) 3. 下列何者不是 Big Data 的特性？ (A)資料來源一致 (B)資料量龐大 (C)資料增加速度快 (D)資料多樣性。

( ) 4. 下列哪一項是應用於 Wi-Fi 網路的加密協定？ (A)TCP/IP (B)SET (C)SSL (D)WPA-PSK。

( ) 5. 下列哪一種並不屬於雲端運算的應用？ (A)Google Doc 線上文件處理 (B)Flickr 網路相簿 (C)OneDrive 網路硬碟 (D)Windows 內建的磁碟重組。

(　) 6. 娜美的 USB 隨身碟中儲存了許多航海地圖照片，她想要直接用手機讀取隨身碟中的地圖照片，請問娜美要用下列哪一個連接線來連接這兩個裝置？ (A)USB OTG (B)USB Type-A (C)Lightning (D)Thunderbolt。

(　) 7. 魯夫來到了新世界，發現這裏的海賊們所使用的手機傳輸線都使用同一種規格，傳輸速度快，支援高畫質影音，而且正反兩個都可插。請問魯夫看到的應該是下列哪一種傳輸介面？ (A)DisplyPort (B)USB Type-C (C)USB 2.0 (D)IEEE1394b。

1	B	2	C	3	A	4	D	5	D	6	A	7	B

單元 50

109年 四技二專 統測試題

商管群　工管類　資電類

商管群

(　)1. 由於全球定位系統(Global Positioning System, GPS)在室內的定位效果不佳，因此常會使用手機基地臺所提供的位址資訊加以輔助，這樣的輔助技術，下列哪一個最合適？

(A)AGPS(Assisted Global Positioning System)
(B)RFID(Radio Frequency IDentification)　(C)GIS(Geographic Information System)　(D)NFC(Near Field Communication)。

(　)2. 關於個人電腦 CPU 中的「快取記憶體」，下列敘述何者正確？(A)常見的規格可以分為 DDR2、DDR3、DDR4，數字越小，傳輸速度越快　(B)快取記憶體在斷電後，可以持續保存資料，所以其成本較高，容量較小　(C)通常利用靜態隨機存取記憶體(SRAM)來製作　(D)與固態硬碟一樣使用快閃記憶體(Flash Memory)來製作。

(　)3. 某一中央處理器(CPU)的時脈(Clock)是 4.0GHz，則其中 GHz 是指下列何者？　(A)每秒 100 萬次　(B)每秒 1000 萬次　(C)每秒 1 億次　(D)每秒 10 億次。

(　) 4. 下列有關作業系統的敘述，何者正確？ (A)MS–DOS 作業系統適用於智慧型手機 (B)Android 作業系統適用於平板電腦 (C)Mac OS 作業系統適用於智慧型手機 (D)iOS 作業系統適用於個人電腦。

(　) 5. 有關壓縮軟體的敘述，何者錯誤？ (A)WinRAR 是常見的壓縮及解壓縮軟體之一，具有分片壓縮功能 (B)7-Zip 是能提供加密解密服務的壓縮軟體 (C)WinZip 壓縮軟體能夠解壓縮 RAR 及 ZIP 等格式的檔案 (D)壓縮軟體只能對執行檔案進行壓縮。

(　) 6. 如圖(一)所示，電腦 A、電腦 B、電腦 C，固定使用了 Class C 中的私有 IP，只供內部使用，無法連接上網際網路。伺服器 D 可以把內部使用的私有 IP 位址轉成可連上網際網路的真實 IP 位址。伺服器 D 所提供的服務，下列何者最為適切？ (A)NAT (B)HTTP (C)ARP (D)DNS。

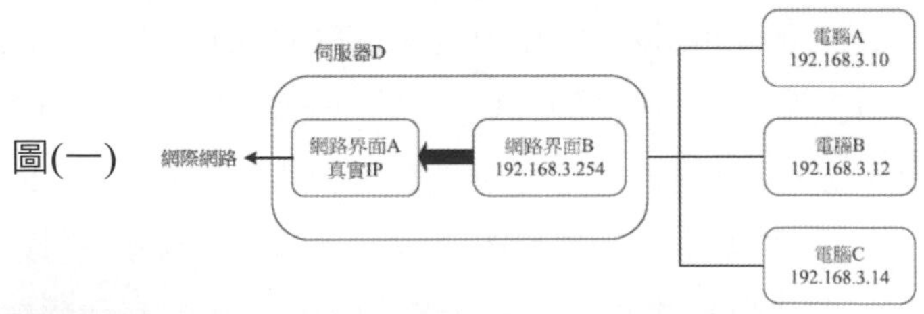

(　) 7. 假設甲乙不同網路內主機均設定合法的真實 IP 位址，今一台主機從甲網路搬移到另一個乙網路時，需進行以下何種處理才能正常連上網路？ (A)必需同時更改它的 IP 位址和 MAC 位址 (B)只需更改它的 IP 位址 (C)必需更改它的 MAC 位址，但不需更改 IP 位址 (D)它的 MAC 位址及 IP 位址都不需要更改。

( ) 8. 假設我們想使用一個檔名是 mypic.png 的圖片來做超連結，以連到 www.myschool.edu.tw；如果會有「圖片無法顯示」的情況，則顯示「myschool」的替代文字，下列哪一個答案是正確的？ (A) <a href="http://www.myschool.edu.tw"> <img src="mypic.png" alt="myschool"> </a> (B) <link href="http://www.myschool.edu.tw"> <img src="mypic.png"> myschool </img> </link> (C) <img href="mypic.png"> <a src="http://www.myschool.edu.tw"> myschool </a> </img> (D) <img src="mypic.png" linkto="http://www.myschool.edu.tw"> myschool </img>。

( ) 9.臺灣的口罩實名制網路預購是屬於下列哪一種電子商務模式？ (A)C2C (B)B2B (C)C2G (D)G2C。

( )10. 下列有關設定瀏覽器安全等級的敘述，何者錯誤？ (A)可讓瀏覽器不下載外掛程式元件 (B)可讓瀏覽器不執行程式碼 (C)可自動設定防火牆 (D)可讓瀏覽器限制某些網站存取 Cookie。

( )11. 使用文書處理軟體(Word)，假設我們有一個檔案包含以下的內容"Time is money."，我們先用"key"取代"ey"，再用"m"取代"me"，則檔案中的內容成為下列何者？ (A)Time is money. (B)Time is monkey. (C)Tim is money. (D)Tim is monkey.。

( )12. 使用文書處理軟體(Word)，下列哪一項最適合用來指定文字輸入的起始位置？ (A)定位點 (B)縮排 (C)對齊 (D)項目符號與編號。

(　　)13. 簡報軟體(Powerpoint)中的母片類別，不包含下列哪一種？ (A)用於控制整個簡報的外觀之投影片母片　(B)自訂簡報及備忘稿一併列印為講義時的外觀之備忘稿母片　(C)自訂簡報在列印為講義時的外觀之講義母片　(D)自訂簡報在播放投影片的外觀之播放母片。

(　　)14. 使用電子試算表軟體(Excel)，C1 儲存格內之數值為 40，D2 儲存格內之公式為 =IF(MOD(C1,2)=0,IF(MOD(C1,3)=0,10,100),1000)，D2 的運算結果為何？　(A)0　(B)10　(C)100　(D)1000。

(　　)15. 使用電子試算表軟體(Excel)，A1 儲存格內之數值為 20，A2 儲存格內之數值為 30，B1 儲存格內之數值為 50，B2 儲存格內之數值為 70，若儲存格 A3 中存放公式「=＄A1+A＄2」，我們將此儲存格複製後貼到儲存格 B3，則儲存格 B3 的公式計算值為何？　(A)50　(B)90　(C)100　(D)120。

(　　)16. 使用電子試算表軟體(Excel)，儲存格中的數值為「0.8765」，若按下「.00→.0」按鈕一次後，在儲存格中會顯示成：　(A)0.876　(B)0.8765　(C)0.877　(D)8.765。

(　　)17. 使用電子試算表軟體(Excel)，儲存格 B1、B2、B3、B4、B5 內的存放數值分別為–4、–2、0、3、8，下列哪一個選項的運算結果與其他選項不同？

(A)=MAX(COUNTIF(B1：B5,">–2"),COUNTIF(B1：B5,"<0"))

(B)=IF(B2>B3,ABS(B1),ABS(B4))

(C)=ROUND(AVERAGE(B1：B5),0)

(D)=VLOOKUP(B4,B1：B5,1)。

(　)18. 假設有一張點陣圖，其長寬的像素為 3600×2400，若以 300 像素/英吋列印時，會列印出長寬各是多少英吋的點陣圖？ (A)長寬各為 1.2、0.8　(B)長寬各為 12、8　(C)長寬各為 12、12　(D)長寬各為 36、24。

(　)19. 下列關於 HSB 色彩模式的敘述，哪一個是正確的？ (A)H、S、B 分別為 300 度、25%、50%，可以用來表示某一個顏色 (B)如果覺得某張蝴蝶蘭的照片不夠鮮豔，可以嘗試改變 H 來調整同一顏色的不同彩度或鮮豔度 (C)在 H 與 B 不變的狀況下，將 S 設為 0，一定可以得到黑色 (D)S 代表色彩中之反射光線的程度，因此可用此數值表達紅、橙、黃、綠…等不同的顏色。

(　)20. 下列敘述何者正確？ (A)影音取樣的頻率愈大，則取樣後的數位影音失真的情形會較為嚴重 (B)影音取樣的位元愈多，則取樣後的數位影音能記錄聲音的種類愈少 (C)影音取樣的頻率愈大，則取樣後的數位影音檔案愈小 (D)影音取樣的位元愈多，則取樣後的數位影音檔案愈大。

(　)21. 下列關於 Visual Basic.NET 的「變數」命名，符合語法的為何者？ ①IfThen ②Const ③YouCanMakeIt ④170cm ⑤goto_3 ⑥dim_ ⑦Hello-World ⑧蘋果 (A)①②③⑤⑥ (B)①③⑤⑥⑧ (C)②③④⑤⑥⑧ (D)③④⑤⑥⑦⑧。

(　)22. 執行下列 Visual Basic(VB)程式片段後，變數 Z 的值為何？
(A)32　(B)50　(C)54　(D)62。

```
Dim A,B,Z as Integer
Z=0
For A=1 to 4 Step 3
```

```
  For B=A to 8 Step 2
    Z=Z+A+B
  Next B
Next A
```

(　)23. 執行下列 Visual Basic(VB)程式片段後，變數 Y 的值為何？

(A)01　(B)101　(C)01101　(D)10101101。

```
Dim K as Integer
Dim X , Y as String
X="0"
Y="1"
For K=1 to 2
  X=X & Y
  Y=Y & X
Next K
```

(　)24. 執行下列 Visual Basic(VB)程式片段後，下列敘述何者正確？

(A)K 為 1～99 中 2 的倍數但不是 5 的倍數的數字之個數　(B)K 為 1～99 中 2 的倍數或 5 的倍數的數字之個數　(C)K 為 1～99 中 2 的倍數且是 5 的倍數的數字之個數　(D)K 為 1～99 中 5 的倍數但不是 2 的倍數的數字之個數。

```
Dim I , K as Integer
I=1：K=0
Do While (I<100)
  If (I Mod 2=0) And (I Mod 5=0) Then
    K=K+1
  End If
  I=I+1
Loop
```

( )25. 在 Visual Basic(VB)程式中，有關運算式 4 * 16 ^ 0.5 - 4 / 2 + 9 \ 1.1 的執行結果，下列敘述何者正確？ (A)5 (B)15 (C)16 (D)23。

1	A	2	C	3	D	4	B	5	D	6	A	7	B	8	A	9	D	10	C
11	D	12	A	13	D	14	C	15	B	16	C	17	C	18	B	19	A	20	D
21	B	22	B	23	D	24	C	25	D										

1. AGPS：是輔助全球衛星定位系統。利用手機基地台的信號作為輔助伺服器，協助移動設備上的 GPS 接收器更快速地完成定位服務。
2. 快取記憶體（cache），存取速度比一般隨機存取記憶體（RAM）快，常見的規格可以分為 L1、L2 及 L3，資料在斷電後會隨之消失。
3. 赫茲 Hz，是頻率的國際單位制單位，表示每秒振動的次數，GHz 每秒振動十億次(1G = 10^9)。
4. MS－DOS 為 1981-1996 年的作業系統，目前較少使用；Mac OS 是蘋果公司發展於麥金塔電腦的作業系統；iOS 為蘋果公司專用的行動裝置作業系統。
6. NAT(網路位址轉換)：用於將單一 IP 分享給複數裝置上網的技術，俗稱「IP 分享」，也就是 IP 分享器提供的功能。
7. MAC 位址為電腦主機網路卡專屬的硬體卡號；而當裝置連接網路，裝置將被分配一個 IP 位址，因此主機從甲網路搬移到另一個乙網路時，只需更改 IP 位址。

8. HTML 語法：
   -超連結至網站或網頁：＜a href="網址或網頁"＞文字或圖片＜/a＞
   -插入圖片：＜img src="圖片檔名"＞alt="文字"

9. G2C 是指政府 Government 對民眾 Customer 的服務。

10. 無法由瀏覽器安全等級設定防火牆。

11. ①用"key"取代"ey"：Time is money.→Time is monkey.
    ②用"m"取代"me"：Time is monkey.→ Tim is monkey.

12. 在 WORD 中，利用定位點能使文字整齊的間隔排列。

13. 母片有投影片母片、備忘稿母片、講義母片，並沒有「播放母片」。

14. MOD(A,B)是計算 A 除以 B 的餘數。
    MOD(C1,2)=MOD(40,2)=0→0=0→條件成立，執行
    IF(MOD(C1,3)=0,10,100)。
    MOD(C1,3)=MOD(40,3)=1→1=0→條件不成立，結果為 100。

15. A3=＄A1+A＄2→B3=＄A1+B＄2=20+70=90。

16. .00→.0 為「減少小數位數」鈕，將數字四捨五入至所要的小數位數。

17. (A)=MAX(COUNTIF(B1：B5,">－2"),COUNTIF(B1：B5,"＜0"))=MAX(3,2)=3。
    (B)=IF(B2>B3,ABS(B1),ABS(B4))=ABS(B4)=3。
    (C)=ROUND(AVERAGE(B1：B5),0)=ROUND(1,0)=1。
    (D)=VLOOKUP(B4,B1：B5,1)=3。

18. 圖片的長=3600/300=12 吋，寬=2400/300=8 吋。

19. 色相 H：是指色彩所呈現樣貌的名稱。彩度 S：是指色彩的鮮豔程度。明度 B：是指色彩的明暗程度。

20. 取樣頻率愈高或取樣的位元數愈多，數位化後的音質就愈好，音頻訊號失真就愈小，但所需要紀錄的資料量愈大，因此占用儲存空間就越多。

21.變數命名規則為：使用的字元可為大小寫字母、數字、底線，但開頭第一個字元不可以使用數字，不可以使用系統保留字。以下為錯誤的變數命名：
②Const：系統保留字，④170cm：第一個字元使用數字，⑦Hello-World：使用符號"-"。

22.

A	B	Z
1	1	0+1+1=2
	3	2+1+3=6
	5	6+1+5=12
	7	12+1+7=20
4	4	20+4+4=28
	6	28+4+6=38
	8	38+4+8=50

23.&(串連運算子)：用於連結字串。

K	X	Y
	"0"	"1"
1	"0" & "1" = "01"	"1" & "01" = "101"
2	"01" & "101" = "01101"	"101" & "01101" = "10101101"

24.(I Mod 2=0) And (I Mod 5=0)，表示可以被 2 及 5 整除。

25.「\ (整除)」：若被除數與除數有小數時，則先化為整數後再運算。

$4 * \underline{16 \wedge 0.5} - 4 / 2 + 9 \backslash 1.1 = \underline{4 * 4} - \underline{4 / 2} + 9 \backslash 1.1 = 16 - 2 + \underline{9 \backslash 1.1}$

$= 16 - 2 + \underline{9 \backslash 1} = 16 - 2 + 9 = 23$。

工管類

(　) 1. 有一台數位相機裝有 32GB 的記憶卡，請問此記憶卡大約可存放多少張 5MB 大小的數位照片？ (A)約 650 張 (B)約 6,500 張 (C)約 3,200 張 (D)約 32,000 張。

(　) 2. 由於電腦運算速度的大幅提升，人工智慧(AI, Artificial Intelligence)應用愈來愈多，下列何者描述與人工智慧的應用最不相關？ (A)利用大量的車輛照片讓電腦學習後，自動找出車牌位置及辨識出車牌號碼 (B)利用高速網路連接無線網路與有線網路 (C)參考許多棋譜，開發出電腦圍棋高手程式 (D)藉由許多感測器的資訊計算後，讓汽車能安全自主駕駛成為自動駕駛汽車(Autonomous cars or Self-driving cars)。

(　) 3. 擴增實境(AR, Augmented Reality)是讓螢幕上的虛擬世界能夠與現實世界場景進行結合與互動的技術，下列何者描述與擴增實境的應用最相關？ (A)有一種手機遊戲，當你的手機鏡頭對著台北 101 大樓時，就會顯示恐龍正在攻擊 101，可以透過點擊畫面中恐龍的眼睛消滅它 (B)利用電腦建置一台虛擬的飛機駕駛艙，讓人在此虛擬場域可以體驗駕駛飛機 (C)利用手機的攝影機辨識出使用者，進行手機解鎖 (D)戴上特製的頭盔呈現出月球表面的景象，讓使用者可以完全沉浸在月球上的情境。

(　) 4.下列對固態硬碟(SSD)及硬式磁碟機(HDD)的描述，何者錯誤？(A)固態硬碟的優點是讀取速度快，而且具相對耐震、無噪音，適合移動中使用 (B)硬式磁碟機的轉速(RPM，Revolutions Per Minute)可作為選擇硬式磁碟機效能的參考之一，轉速越

高，讀取速度越快 (C)硬式磁碟機的容量大小跟磁碟(disk)數、磁軌(track)數、磁區(sector)數及磁區大小有關 (D)固態硬碟由表面覆蓋磁性媒介的磁片構成，以磁性型態儲存資料。

( ) 5.Microsoft Windows 作業系統是用何種架構管理磁碟上的檔案？ (A)樹狀結構 (B)環狀結構 (C)線性結構 (D)堆疊結構。

( ) 6. 下列何者<u>不是</u> Microsoft Windows 作業系統中「工作管理員」的功能？ (A)結束執行中的應用程式 (B)查詢整體 CPU 使用率 (C)顯示每一個應用程式使用記憶體狀況 (D)顯示驅動程式的版本及詳細資訊。

( ) 7. 選購個人電腦時，考慮價格與效能的因素，下列何者配置組合較符合需求？ (A)16GB 動態隨機存取記憶體(DRAM)、16MB 快取記憶體(Cache Memory)、1TB 硬碟 (B)16MB 動態隨機存取記憶體(DRAM)、16GB 快取記憶體(Cache Memory)、1TB 硬碟 (C)1TB 動態隨機存取記憶體(DRAM)、16GB 快取記憶體(Cache Memory)、16MB 硬碟 (D)16MB 動態隨機存取記憶體(DRAM)、16MB 快取記憶體(Cache Memory)、16MB 硬碟。

( ) 8.如圖(一)框選的介面中何者<u>不是</u>連接顯示器的標準輸出接頭？ (A)① (B)② (C)③ (D)④。

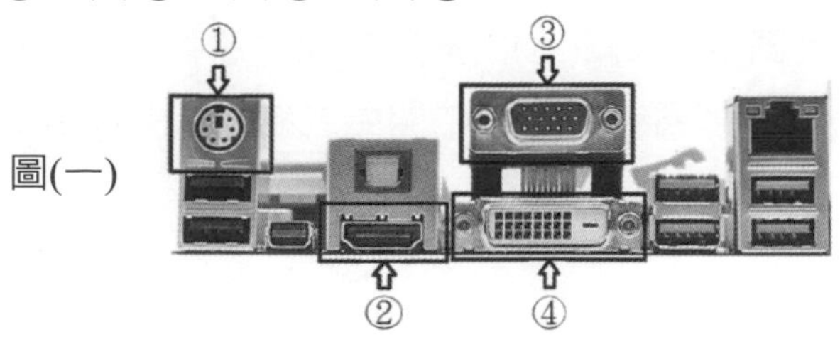

圖(一)

( ) 9. 下列對於各類型記憶體的描述，何者錯誤？ (A)存取速度由快到慢順序排列為：暫存器(Register)、快取記憶體(Cache Memory)、動態隨機存取記憶體(DRAM)、快閃記憶體(Flash Memory) (B)暫存器(Register)及快取記憶體(Cache Memory)皆為靜態隨機存取記憶體(SRAM) (C)同步動態隨機存取記憶體(SDRAM)及快閃記憶體(Flash Memory)為動態隨機存取記憶體 (D)靜態隨機存取記憶體(SRAM)及動態隨機存取記憶體(DRAM)都有位址匯流排(Address Bus)及資料匯流排(Data Bus)。

( )10. 下列何種電腦週邊設備不屬於輸入裝置？ (A)觸控式螢幕 (B)多功能事務機 (C)網路攝影機 (D)點矩陣印表機。

( )11. 以下關於作業系統特性的敘述，何者正確？ (A)Mac OS 是單人單工作業系統 (B)MS-DOS 是單人多工作業系統 (C)Microsoft Windows 10 是多人單工作業系統 (D)Linux 是多人多工作業系統。

( )12. 下列有關資料處理方式的敘述，何者正確？ (A)使用網路預訂高鐵車票的作業方式屬於批次處理 (B)公司每月核算員工薪資的作業方式屬於即時處理 (C)到自動櫃員機提款的作業方式屬於即時處理 (D)全國公民投票開票的作業方式屬於交談式處理。

( )13. 在流程圖中，如圖(二)之菱形符號的意義為何？ (A)列印或輸出 (B)迴圈或重複 (C)開始或結束 (D)決策或判斷。

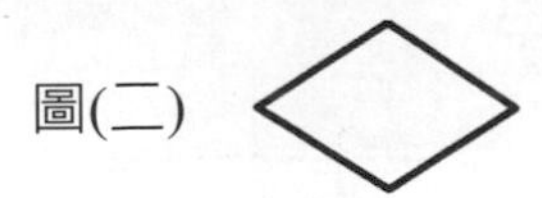

( )14. 下列何者不屬於系統軟體？ (A)資料庫軟體 (B)直譯器 (C)編譯器 (D)Linux。

( )15. 下列關於程式語言的敘述，何者正確？ (A)BASIC 語言程式需要經過組譯器(Assembler)翻譯才能執行 (B)機器語言程式需要經過組譯器(Assembler)翻譯才能執行 (C)組合語言程式需要經過編譯器(Compiler)翻譯才能執行 (D)C 語言程式需要經過編譯器(Compiler)翻譯才能執行。

( )16. 下列關於高階程式語言與低階程式語言的比較，何者正確？ (A)BASIC 程式語言是低階程式語言，組合語言也是低階程式語言 (B)低階語言所編寫的程式除錯與維護較容易 (C)高階程式語言較相近於人類語言，在程式閱讀上比較容易 (D)高階語言所編寫的程式可攜性較低。

( )17. 請問執行右方 VB 程式片段後，變數 X 的值為何？
(A)5 (B)10 (C)20 (D)25。

```
Dim X, Y As Integer
    X=10 :Y=15
    If X>Y Then
        X=X+5
        If X>10 Then
            X=X+10
        Else
            X=X+5
        End If
    Else
        X=X+5
        If X<10 Then
            X=X–10
        Else
            X=X–5
        End If
    End If
```

(　　)18. 請問執行下列 VB 程式片段後，變數 X 的值為何？ (A)3　(B)5　(C)9　(D)11。

```
Dim X, Y As Integer
X=10 :Y=15
X=X Mod 6
Y=Y Mod 4
If X>Y Then
   X=X+1
Else
   X=X–1
End If
```

(　　)19. 嚴重特殊傳染性肺炎(COVID-19)疫情造成口罩搶購潮，因此政府採用實名制讓民眾可在衛生所或藥局購買口罩。請問衛生所或藥局需要使用何種裝置判讀民眾的健保卡資料？ (A)晶片讀卡機　(B)磁條讀卡機　(C)QR Code 掃描器　(D)條碼掃描器。

(　　)20. 下列關於演算法的敘述何者<u>錯誤</u>？ (A)演算法的每一步驟必須確實可行　(B)演算法可以轉換成流程圖　(C)演算法可以有無限個步驟　(D)演算法是解決問題的方法及步驟。

(　　)21. 請問在 Microsoft Word 中，如果只要列印第 2 頁與第 10 頁，在"列印"功能中的"列印自訂範圍"輸入值為何？ (A)2 - 10　(B)2 ~ 10　(C)2,10　(D)2..10。

(　　)22. 在 Microsoft Word 的編輯中，如果想回到上一步驟，可以同時按下哪兩個鍵？ (A)同時按下【Ctrl】與字母【A】鍵　(B)同時按下【Ctrl】與字母【B】鍵　(C)同時按下【Ctrl】與字母【C】鍵　(D)同時按下【Ctrl】與字母【Z】鍵。

(　　)23. 下列何者為 MS PowerPoint 的預設檢視模式？ (A)備忘稿模式　(B)投影片瀏覽模式　(C)標準模式　(D)閱讀檢視模式。

(　)24. 下列檔案格式中何者屬於向量圖(Vector)？ (A)AI(Adobe Illustrator) (B)PNG(Portable Network Graphic) (C)JPG(Joint Photographic Group) (D)BMP(Bit Map)。

(　)25. 在 RGB 的色彩模式中，有一像素的 RGB 值為 000000_{16}，該像素在螢幕會呈現下列哪一種顏色？ (A)白色 (B)紅色 (C)黑色 (D)綠色。

(　)26. 在 HTML 語法中，可用下列哪一語法標籤進行「強制換行」？ (A) < line > (B) < cr > (C) < br > (D) < body > 。

(　)27. GIF 格式的圖檔，最多可支援幾種色彩？ (A)8 種 (B)16 種 (C)256 種 (D)16,777,216 種。

(　)28. 點陣圖是以下列何者為基礎組成？ (A)像素 (B)數學運算 (C)量子 (D)文字。

(　)29. 下列副檔名何者為只能儲存聲音訊號資料的音訊檔案格式？ (A).wmv (B).wma (C).mpg (D).png。

(　)30. 利用 Microsoft PowerPoint 在播放簡報時，如何透過按下鍵盤按鍵結束放映簡報？ (A)同時按下【Ctrl】與字母【C】鍵 (B)按下【ESC】鍵 (C)按下【END】鍵 (D)按下【Enter】鍵。

(　)31. 如果要用 Microsoft word 編輯一個文件，要將圖(三)文件範例中的標題「正確洗手七字訣」設定成『置中對齊，加上底線』，請問在選擇此段文字後，要點選下列哪幾個按鈕鍵，圖示中按鈕分別以 ①、②、③、④代表？

(A)①③ (B)②③ (C)①④ (D)②④。

圖(三)　正確洗手七字訣

① ≡ ，② ≡ ，③ U ，④ abc

(　　)32. 如圖(四)是使用 Google Chrome 連結到教育部全球資訊網的畫面，此畫面中用方框標示出的『教育部全球資訊網』是這個網頁的標題，下列哪個選項可以產生此網頁標題？

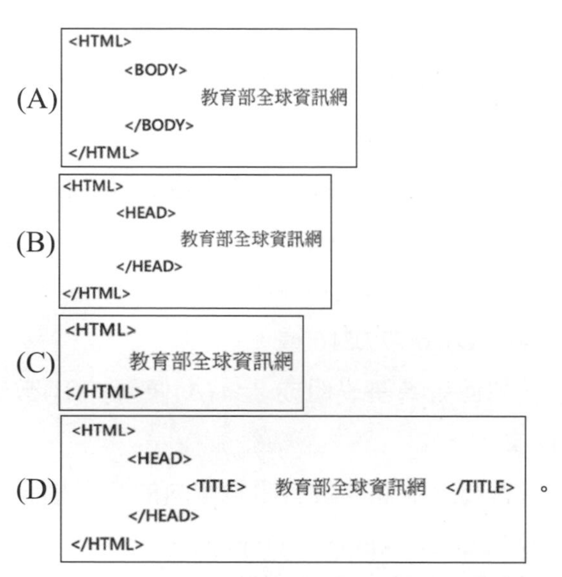

(A)
```
<HTML>
        <BODY>
                教育部全球資訊網
        </BODY>
</HTML>
```

(B)
```
<HTML>
        <HEAD>
                教育部全球資訊網
        </HEAD>
</HTML>
```

(C)
```
<HTML>
        教育部全球資訊網
</HTML>
```

(D)
```
<HTML>
        <HEAD>
                <TITLE>  教育部全球資訊網  </TITLE>
        </HEAD>
</HTML>
```
。

圖(四)

( )33. 網頁製作除了可以透過傳統「HTML」語言來設計，還可以使用網頁設計軟體，但是下列哪種軟體不適合用於網頁設計與製作？ (A)Microsoft FrontPage(Expression Web) (B)Windows Media Player (C)KompoZer (D)Adobe Dreamweaver。

( )34. 如果有一對夫妻想要將他們合照中的森林背景去除，剪輯編修合成另一張以大海沙灘為背景的合照，請問可以使用下列何種軟體完成？ (A)PhotoImpact (B)Windows Media Player (C)Internet Explorer (D)Gif Animator。

( )35. 透過 Microsoft PowerPoint 軟體進行簡報編輯，如果要改變文字顏色，請問要按下列哪個按鈕可以修改文字的顏色？
(A) A (B) ab (C) A (D) 。

( )36. 如果在一個網頁中要顯示一張格式為 jpeg 的圖片，請問要用到哪個 HTML 的標籤？
(A) < table > … < /table > (B) < center > … < /center >
(C) < p > … < /p > (D) < imgsrc="..."... > 。

( )37. 透過 Movie Maker 製作影片時，通常會先將一段影片透過下列何種功能處理，以便刪除不需要的片段或調整影片的出場順序？ (A)加入 (B)分割 (C)合併 (D)復原。

( )38. 針對影片的說明、劇中的對白或是工作人員的簡介都需要透過字幕來呈現，這些功能可以透過 Movie Maker 在影片中加入字幕來完成，在此軟體中<u>不提供</u>下列何種方式加入字幕？
(A)標題：可在影片開頭加入簡介字幕表示影片主題 (B)參與名單：可在影片結束加入字幕介紹演員或相關人員名單 (C)字幕：可在被選取剪輯中加入字幕作為旁白解說 (D)掃描：可在掃描文件辨識文字後匯入成影片檔中的字幕。

(　　)39. 下列何種線上影片剪輯軟體可以將自己上傳的影片，在線上直接剪接、加上配樂、套用轉場、風格特效或加上字幕？ (A)PhotoImpact 編輯器　(B)YouTube 編輯器　(C)Movie Maker 編輯器　(D)Dreamweaver 編輯器。

(　　)40. 某同學在準備課程期末展示報告時，想透過 Microsoft PowerPoint 軟體製作一個簡報檔，在每頁簡報下想增加一個「箭頭向左的圖形」按鈕，當按下「箭頭向左的圖形」，簡報自動會跳到上一張投影片，請問編輯時，在點選「箭頭向左的圖形」後，要插入下列何種功能？ (A)插入超連結　(B)插入頁首及頁尾　(C)插入投影片編號　(D)插入註解。

(　　)41. 透過 Microsoft PowerPoint 編輯好的簡報檔，儲存成下列哪種檔案格式，不需要透過 Microsoft PowerPoint 編輯模式就可以直接播放簡報檔？ (A)PowerPoint 97-2003 簡報(.ppt)　(B)PowerPoint XML 簡報(.xml)　(C)PowerPoint 播放檔(.ppsx 或.pps)　(D)PowerPoint 簡報(.pptx)。

(　　)42. 某電腦教室內有 10 部桌上型電腦以及一台 16 埠集線器(Hub)，每部電腦都只有一張具備一組 RJ-45 雙絞線接頭的網路卡，若要讓該電腦教室內的所有電腦同一時間連接到網際網路，請問使用哪種網路連線拓樸架構最合適？ (A)匯流排拓樸　(B)星狀拓樸　(C)環狀拓樸　(D)P2P 拓樸。

(　　)43. 以下有關連接網際網路的方式說明，何者正確？ (A)ADSL 採用非對稱速率傳輸模式，例如速率標示為 5M/384K 的 ADSL 網路系統，其下載速率可達 5Mbps，上傳速率可達 384Kbps　(B)Cable Modem 可支援非對稱速率傳輸模式，例如速率標示為 8M/512K 的 Cable Modem 網路系統，其上傳速率可達 8Mbps，下載速率可達 512Kbps　(C)ADSL 使用家用

電話線路連上網際網路，因此無法在同一時間連線上網並使用家用電話機打電話　(D)Cable Modem 使用有線電視業者提供的有線電視纜線連上網際網路，因為該條有線電視纜線屬於單一用戶專屬使用，Cable Modem的傳輸速率相當穩定，不會因連線用戶增加而降低傳輸速率。

(　)44. 使用 Google 搜尋引擎，如圖(五)所示在搜尋欄中輸入「免費線上遊戲」並選擇「圖片」，下列敘述何者不正確？　(A)按下""圖示後，可以上傳圖片或是圖片網址，啟動「以圖搜圖」的功能搜尋免費線上遊戲的相關圖片　(B)按下""圖示後，可以搜尋免費遊戲的線上玩家大頭貼，並與他們進行語音對話　(C)按下""圖示後，可以搜尋免費線上遊戲的相關圖片　(D)如果要限定搜尋本週內最新公布的免費線上遊戲圖片，可點選「工具」進行搜尋條件設定。

圖(五)

Google　免費線上遊戲

全部　新聞　圖片　影片　地圖　更多　設定　工具

(　)45. 下列有關 Gmail 的說明，何者正確？　(A)每個人只能申請一組 Gmail 帳戶　(B)使用者必須要在電腦安裝專用的 Gmail 郵件軟體才能開啟或是透過 Gmail 寄送電子信件　(C)使用「回覆」功能處理對方寄來的電子郵件時，若使用者沒有另行編輯回覆的信件內容，Gmail 會將對方寄來的電子郵件所有內容(包含附加檔案)寄回給該郵件的發信者　(D)使用「轉寄」功能處理對方寄來的電子郵件時，若使用者沒有另行編輯轉寄的信件內容，Gmail 會將對方寄來的電子郵件所有內容(包含附加檔案)寄給指定的收信者。

( )46. 下列為網路應用實例說明，何者正確？ (A)Line 與 Skype 都是屬於即時通訊軟體，可以進行文字交談、語音通話以及檔案傳輸 (B)「批踢踢(PTT)」屬於電子佈告欄(BBS)系統的應用，使用者必須先註冊才可以瀏覽他人在 PTT 的公開貼文 (C)Instagram 目前使用的 Logo 為 ，是一款免費提供線上圖片及視訊分享的社群應用軟體 (D)Facebook 與 Twitter 都可以上傳超過 1,000 字以上的長篇文章。

( )47. 下列有關電腦惡意程式的敘述，何者不正確？ (A)因為 CD-ROM 光碟屬於唯讀裝置，儲存在 CD-ROM 光碟內的檔案或是執行檔在使用過程中並不會被寫入電腦病毒，所以可以安心開啟儲存在 CD-ROM 光碟內的檔案或是執行檔 (B)從網路下載並安裝網友分享的破解版遊戲軟體，有可能被植入特洛伊木馬(Trojan Horse)程式，導致電腦使用者的上網密碼被竊取 (C)使用具有巨集(Macro)指令功能的軟體如 Microsoft Word 或是 Excel 來開啟相關檔案，有可能感染巨集型電腦病毒 (D)電腦蠕蟲(Worm)是一種能夠自我複製的電腦程式，其主要危害是引發一連串的指令，導致電腦的執行效率大幅降低。

( )48. 下列有關防火牆(Firewall)的敘述，何者正確？ (A)防火牆主要功能是掃描電腦病毒，並將受感染的檔案刪除 (B)防火牆是一套大型的硬體設備，在個人電腦使用的 Microsoft Windows 10 作業系統中無法安裝 (C)為了發揮防火牆的最大效益，防火牆通常被建議架設在企業的內部電腦網路與外部網路之間唯一通道上 (D)防火牆可以過濾並攔阻可疑的資料封包，但無法管制資料封包的流向。

(　)49. 下列何者行為觸犯著作權法的風險最高？　(A)為了要開啟教育部寄來以 Open Document Format(簡稱 ODF)開放文件格式儲存的公文電子檔，導師從國家發展委員會的官方網站下載並安裝「國家發展委員會 ODF 文件應用工具」軟體　(B)某生使用智慧型手機錄影功能，將自費購入的藍光 DVD 完整內容翻拍轉存成開放格式的視訊影片檔，轉寄給好同學免費觀看　(C)為了考取公職，某生從考選部官方網站下載歷屆高普考試題，拿到影印店輸出裝訂成冊，順便賣給同學　(D)某生自行開發了一套 100%原創的手機 APP 遊戲軟體，同學試玩過後都說好玩、有賣點，於是某生便把該自創的手機 APP 遊戲軟體上傳到網路社群平台上販售。

(　)50. 下列有關網路使用素養與資訊安全的敘述，何者最正確？(A)若在網路論壇上遇到其他網友不理性的網路霸凌時，立即找好友加入反擊的行列，以不雅的文字反罵，以免自身權益受損　(B)瀏覽網頁時收到「恭喜您是第 100 萬個瀏覽者，在 10 分鐘內填妥資料後，即可用美金 10 元超低價購得全新手機一支」的訊息，為了避免錯失中獎機會，應立即依照網頁指示填入自己的姓名、身分證號碼、聯絡電話、收件地址、信用卡卡號等資訊　(C)收到有關嚴重特殊傳染性肺炎(COVID-19)特效藥品販售的電子廣告郵件，為了讓更多人知道這個消息，應立即將此廣告郵件轉寄給所有的親朋好友　(D)為了確保網路購物的安全，網路購物平台多會使用 SET 或 SSL 安全機制，當使用者以 SSL 機制傳送資料時，瀏覽器會使用「HTTPS」協定與伺服器建立連線。

1	B	2	B	3	A	4	D	5	A	6	D	7	A	8	A	9	C	10	D
11	D	12	C	13	D	14	A	15	D	16	C	17	B	18	B	19	A	20	C
21	C	22	D	23	C	24	A	25	C	26	C	27	C	28	A	29	B	30	B
31	A	32	D	33	B	34	A	35	C	36	D	37	B	38	D	39	B	40	A
41	C	42	B	43	A	44	B	45	D	46	A	47	A	48	C	49	B	50	D

1. $=32GB/5MB=(32\times 2^{30})/(5\times 2^{20})=6553$。
2. 網路連線技術與人工智慧並無相關。
3. (A)中的 101 大樓是現實世界，恐龍是虛擬影像，兩者能結合互動，是屬於擴充實境 AR 的應用。
4. 固態硬碟(SSD)是由快閃記憶體(Flash Memory)所構成，不是磁片。
7. 以價格和實際需求考量，通常 HD 容量>DRAM 容量>Cache Memory 容量，所以 16GB 隨機存取記憶體、16MB 快取記憶體、1TB 硬碟是較為合理的配置。
8. (A)PS/2：連接鍵盤、滑鼠，(B)HDMI、(C)D-Sub、(D)DVI 皆可連接顯示器。
9. (C)快閃記憶體(Flash Memory)是一種電子式可清除的唯讀記憶體，不是動態隨機存取記憶體。
11. MS-DOS 是單人單工作業系統，Mac OS、Microsoft Windows 10 是單人多工作業系統。
12. (A)網路訂票是屬於即時處理　(B)每月員工薪資是屬於批次處理　(D)全民投開票是屬於批次處理。
17. 當 X=10，Y=15 時，X>Y 不成立，執行最外層的 Else 敘述，X=X+5=10+5=15，X<10 不成立，執行 Else 敘述，X=X-5=15-5=10。
18. X=10 Mod 6=4，Y=15 Mod 4=3，X>Y 成立，執行 X=X+1=4+1=5。

19.健保卡內嵌一塊 IC 晶片，放入晶片讀卡機即可讀取資料。

24.(B)PNG、(C)JPG、(D)BMP 皆為點陣圖圖形格式。

25.RGB 值為 000000_{16} 時呈現黑色，$FFFFFF_{16}$ 時呈現白色。

26.(A)＜line＞、(B)＜cr＞並無此語法　(D)＜body＞是宣告主體部分。

27.GIF 格式的圖檔最多只支援 256 色。

28.點陣圖是以像素(Pixel)陣列來紀錄圖形中所有使用到的顏色。

29.(A).wmv：Windows 串流影音檔案格式　(C).mpg：採用 MPEG-1 或 2 壓縮技術製作的影片檔　(D).png：可攜式網路圖形檔。

30.按「Esc」鍵結束放映。

31. ☰：置中對齊。☰：左右對齊。U：加底線。abc：刪除線。

32.HTML 文件基本結構如右圖。

```
<html>
<head>
<title>......</title>
</head>
 :

<body>
 :
</body>
</html>
```

33.(A)Windows Media Player 是播放串流音樂和影片的軟體　(C)KompoZer：以 Mozilla 為核心的免費網頁編輯器。

34.(A)PhotoImpact：影像繪圖軟體　(B)Windows Media Player：影音播放器　(C)Internet Explorer：網頁瀏覽器　(D)Gif Animator：GIF 動畫製作軟體。

35.(A) A：文字網底　(B) ab▾：文字醒目提醒色彩　(C) A▾：文字顏色　(D) ▾：圖案填滿。

36.＜img src="圖片檔名"＞圖片文字說明＜/img＞。

37.影片分割：將時間軸移到影片上，按下 分割，就可將影片分割開。

39.YouTube 提供會員針對已經上傳到個人 YouTube 帳號內的影片進行剪輯的作業。

40.加入超連結：將文字或圖片加入超連結，連結目標可為簡報內的投影片、Internet 上的網頁、e-mail 信箱或圖片及檔案等。

41.PowerPoint 播放檔(.ppsx 或.pps)格式，只要電腦有安裝 PowerPoint Viewer 就可以開啟瀏覽及播放，無法進行編輯，可以保護簡報內容不被更動。

42. 星狀拓樸架構形式為是由中央控制設備管理各電腦間的通訊，一般是使用雙絞線作傳輸媒體，適用於單一集線器形成的網路。
43. (A)ADSL 下載與上傳的速率不同(下載＞上傳)；
(B)上傳速率應為 512Kbps，下載速率應為 8Mbps
(D)Cable Modem 同一時間使用的人數越多速率越慢。
44. 🎤是 Google 語音搜尋功能，可利用語音輸入相關字詞進行搜尋。
45. (A)每個人能申請多組 Gmail 帳戶；(B)使用者透過 Google 介面就可以直接收發 Gmail 電子信件；(C)使用「回覆」功能處理對方寄來的電子郵件時，Gmail 不會將對方寄來的電子郵件所有內容(包含附加檔案)寄回給該郵件的發信者。
46. (B)「批踢踢(PTT)」可用「guest」帳號登入參觀，不用先註冊；
(C)Instagram 的 Logo 為 ，in為 linkedin 的 Logo；
(D)Facebook 無字數限制，Twitter 則有每篇 280 字數的限制。
47. (A)儲存在光碟內的檔案或是執行檔在寫入光碟時，就可能就已被植入病毒。
48. (A)防火牆(Firewall)用來加強兩個網路間存取控制的安全機制，保護內部網路免於外界的入侵。(B)其類型可能是硬體設備，也可能是安裝的軟體，Win 10 已內建防火牆程式。(D)防火牆可以過濾並攔阻可疑的資料封包，也可管制資料封包的流向。
49. (A)ODF 文件應用工具軟體屬於自由軟體，允許使用者自由複製、使用及修改。
(C) 下載考選部官方網站的歷屆高普考試題，不具著作權，任何人都可自由利用。
(D)某生 100%原創自行開發的 APP，著作權屬於該生，可自由販售。

電機與電子群資電類

(　) 1. 小型居家辦公族(SOHO)，若自己要組裝一台自訂規格的桌上型個人電腦時，可以透過下列哪一種電子商務模式進行每個電腦單元組件的購買，完成組立一台電腦的工作？ (A)G2C (B)B2C (C)G2B (D)C2B。

(　) 2. Linux 為開源軟體，使用者可以依自己的需求修改成獨特的作業系統，下列哪一個是基於 Linux 所開發出來的作業系統？ (A)Android (B)Arduino (C)MS-DOS (D)Unix。

(　) 3. 設計網頁除了可以用 Dreamweaver 開發，也可以直接以 HTML 的語法，用文字檔的方式撰寫網頁程式碼，下列哪一個語法可以在瀏覽器(browser)的視窗標題列顯示「我的 HTML」？ (A) <html>我的 HTML</html> (B) <head>我的 HTML</head> (C) <title>我的 HTML</title> (D) <body>我的 HTML</body>。

(　) 4. 執行下列的程式後，A=<u>107</u>，則 Value 的初始值為何？ (A)2 (B)4 (C)7 (D)8。

```
Dim A As Integer
Dim Value As Integer
A=2
Value= ?
Select Case Value
   Case 1 To 3
      A=103+Value
   Case 4, 5, 6
      A=100+Value
```

```
    Case 8 to 13
      A=99+Value
    Case Else
      A=105+Value
  End Select
```

(　) 5. Ans=$01001110_{(2)}+113_{(10)}+132_{(8)}+19_{(16)}$，則 Ans=？ (A)$264_{(10)}$ (B)$265_{(10)}$ (C)$306_{(10)}$ (D)$307_{(10)}$。

(　) 6. 使用文書處理應用軟體 MS Office Word 時，下列哪一個圖示為「插入分頁」功能的符號？ (A) 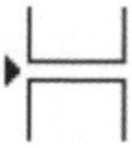 (B)  (C) 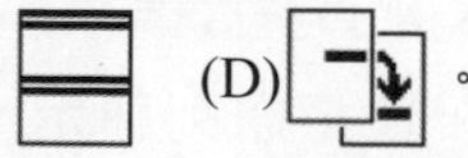 (D) 。

(　) 7. 圖(十八)為一個物聯網的灑水系統流程圖，當系統在早上 10：15 偵測到土壤濕度數值 Hm=45，則灑水馬達何時會停止運轉？ (A)10：40 (B)10：30 (C)10：20 (D)10：15。

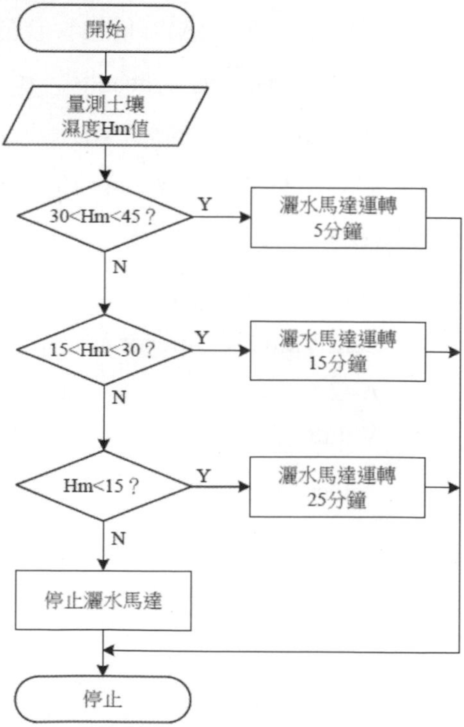

開始
量測土壤濕度Hm值
30<Hm<45？
Y
灑水馬達運轉5分鐘
N
15<Hm<30？
Y
灑水馬達運轉15分鐘
N
Hm<15？
Y
灑水馬達運轉25分鐘
N
停止灑水馬達
停止

圖(十八)

( ) 8. 關於在網路上使用 TCP/IP 的協定傳輸封包時，下列敘述何者正確？ (A)為了提高傳輸效率，使用 TCP 協定不會檢查封包是否錯誤或遺失，因此不會要求傳送端重傳 (B)TCP 是屬於 ISO 組織制定的 OSI 通訊協定的傳輸層(Transport Layer)通訊協定 (C)IP 是屬於 ISO 組織制定的 OSI 通訊協定的會議層(Session Layer)通訊協定 (D)檔案傳輸協定 FTP(File Transfer Protocol)屬於不需使用到 TCP/IP 協定的一種上層服務協定。

( ) 9. 關於雲端儲存空間，又稱為雲端硬碟(如 Google Drive 等等)，下列敘述何者正確？ (A)從雲端硬碟下載資料時，因為不需要經過閘道器，因此可以快速下載大量的資料 (B)在臺灣上傳了影片類型的檔案到雲端硬碟之後，無法分享檔案給不同國家的朋友 (C)雲端硬碟中的檔案可以使用 URL 位址來分享給朋友，方便朋友下載 (D)上傳了有電腦病毒的檔案到雲端硬碟，再下載回來之後，該電腦病毒就會被移除。

( )10. 關於程式語言，下列敘述何者正確？ (A)Python 語言的翻譯採用直譯器，不需要翻譯成機器碼就可以直接執行 (B)C 程式在編譯器翻譯完之後產生目的碼，數個目的碼(Object Code)連結之後可以變成執行檔(.exe) (C)Java 撰寫時直接採用目的碼(Object Code)來撰寫，因此稱為物件導向式語言(Object Oriented Programming Language) (D)JavaScript 語言屬於 Java 語言的一種，可以嵌入在 HTML 中，不需要編譯器，但需要直譯器來翻譯之後才能執行。

( )11. GitHub 為知名的開放式軟體(Open Source)網站，其中的開放式軟體專案都可以下載得到原始程式碼，關於此原始程式碼的敘述何者正確？ (A)此原始程式碼因為已經開放下載，因此該專案裡面的演算法不受到專利權的保護　(B)任何人都可以將自己的程式碼上傳到 GitHub 中，並宣告程式碼的授權方式　(C)GitHub 網站中的原始程式碼的作者已經不具有著作權　(D)曾經在 GitHub 網站中貢獻原始程式碼的作者，可以下載其他人的程式碼，使用在任何場合，不須經過其他人的授權。

(　)12. 某一部電腦中的網路介面卡 IP 位址設定為 192.168.1.10，網路遮罩為 255.255.255.128，關於該電腦網路連接與組態，下列敘述何者正確？　(A)192.168.1.10 一定是 WiFi 存取點(WiFi Access Point)派發的動態 IPv4 位址　(B)192.168.1.10 是一個 Class C 的 IPv6 位址　(C)192.168 開頭的 IP 位址，不能設定為有線網路介面卡中的 IP 位址　(D)另一 IP 位址 192.168.1.129 的電腦，要和這部電腦連線傳輸資料，必須經過閘道器進行連接和傳輸。

(　)13. 若設定 URL 網址 https://www.moe.gov.tw 為瀏覽器的預設網址，在沒有連接網路狀態下開啟瀏覽器時，仍然可以看到部分文字或圖片，可能是下列哪一項原因？　(A)因為瀏覽器有設定快取(Cache)　(B)因為瀏覽器關閉了 Proxy 伺服器的設定　(C)因為 DNS 伺服器保留了該網站的部分資料　(D)因為路由器(Router)保留了該網站的部分資料。

1	B	2	A	3	C	4	D	5	C	6	A	7	D	8	B	9	C	10	B
11	B	12	D	13	A														

Smart解析！

3. (A)＜html＞…＜/html＞：宣告開始與結束
   (B)＜head＞…＜/head＞：宣告開頭部分
   (C)＜title＞…＜/title＞：設定瀏覽器標題列文字
   (D)＜body＞…＜/body＞：宣告主體部分。
4. (A)Value=2，A=103+2=105 (B)Value=4，A=100+4=104
   (C)Value=7，A=105+7=112 (D)Value=8，A=99+8=107。
5. 皆換算成 10 進位。Ans=$01001110_{(2)}+113_{(10)}+132_{(8)}+19_{(16)}$
   $=78_{(10)}+113_{(10)}+90_{(10)}+25_{(10)}=306_{(10)}$。
7. Hm=45，符合「停止灑水馬達」的條件，灑水馬達會停止運轉。
8. (A)TCP 會檢查封包是否錯誤或遺失，若有則會要求傳送端重傳
   (C)IP 是屬於 OSI 的網路層(Network)
   (D)FTP 是屬於 OSI 的應用層(Application)。
9. (A)從雲端硬碟下載資料時仍需要經過閘道器
   (B)上傳檔案到雲端硬碟之後，可以分享檔案給異地的朋友
   (D)下載雲端硬碟含有病毒的檔案，電腦病毒不會因此被移除。
10. (A)採用直譯器仍需要翻譯成機器碼才能執行
   (C)物件導向是將資料及程式封裝成物件，提高運用性
   (D)JavaScript 與 Java 是不同的語言。
11. (A)開放式軟體(Open Source)裡面的演算法受到專利權的保護
   (C)開放式軟體的作者仍具有著作權
   (D)下載他人的程式碼仍須經過對方的授權。
12. (A)192.168.1.10 不一定是動態 IPv4 位址
   (B)192.168.1.10 是一個 Class C 的 IPv4 位址
   (C)192.168 開頭的 IP 位址是可以設為有線網路介面卡中的 IP 位址。

計算機概論統一入學測驗模擬試題（五）

單元 41～50

班級：______ 姓名：__________ 座號：_____ 得分

本試卷共 25 題，每題 4 分，共 100 分

( ) 1. 下列何者不是常見的社群網站或微網誌？ (A)Facebook (B)Plurk (C)Twitter (D)Chrome。

( ) 2. 下列關於電腦硬體規格的敘述，何者不正確？ (A)這台噴墨印表機具備 30PPM 的高速列印引擎 (B)這台螢幕支援 1280×1024 的高解析度 (C)這台筆記型電腦使用的是 100BaseTX 的無線傳輸網路卡 (D)這台電腦的記憶體可以升級至 8GB 的容量。

( ) 3. 若有 10000 筆已經排序好的資料，以二分搜尋法找尋其中的一筆資料，則找尋的次數不會超過幾次 (A)14 (B)10000 (C)1 (D)11。

( ) 4. 對於氣泡排序法下列哪一個敘述正確？ (A)可以將資料由大到小依序排好，但不能由小到大排列 (B)n 筆資料會有 n 次的交換次數 (C)每次循環將一個資料與其他的資料比較，若位置不對再進行交換 (D)n 筆資料需要 n×(n-1)/2 次的比較次數。

( ) 5. 下列 VB 程式執行結果為何？ (A)2 (B)4 (C)5 (D)6。

```
Dim a(5) As Integer
a(1) = 4: a(2) = 5: a(3) = 2: a(4) = 6
For i = 1 To 3
  For j = 1 To 4 - i
    If a(j)<a(j+1) Then
      T=a(j):a(j)=a(j+1):a(j+1)=T
    End If
  Next j,i
MsgBox(a(1))
```

( ) 6. 下列 VB 程式片段，當執行到 x 值為「2」時，其執行結果 a(3)之值為何？ (A)2 (B)4 (C)6 (D)8。

```
Dim a(5) As Integer
a(1) = 8: a(2) = 4: a(3) = 0: a(4) = 2: a(5) = 6
For x = 1 To 4
   If a(x) > a(x+1) Then
      t = a(x): a(x) = a(x+1): a(x+1) = t
   End If
Next x
```

( ) 7 ASCII 碼為了能表示 128 個字元，故最少需採用多少個位元來表示一個字元？ (A)7 (B)8 (C)16 (D)4。

( ) 8. 電腦的基本架構可分為五大單元，其中輸入單元的功用主要為何？(A)儲存資料和程式 (B)接收使用者輸入的資料 (C)負責指揮協調各單元之間的運作和資料傳送 (D)執行資料的算術、邏輯和關係運算。

( ) 9. 某部電腦的主記憶體最大定址空間為 8GB，其所代表的意義為何？(A)電腦一次能處理 8GB 的資料 (B)此部電腦有 33 條的位址匯流排線 (C)此部電腦有 8 條的資料匯流排線 (D)CPU 的執行速度為 8GHz。

( )10. 有一台數位相機裝有 32GB 的記憶卡，請問此記憶卡大約可存放多少張 10MB 大小的數位照片？ (A)約 650 張 (B)約 6,500 張 (C)約 3,200 張 (D)約 32,000 張。

( )11. 假設有一張點陣圖，其長寬的像素為 3600×2400，若以 600 像素/英吋列印時，會列印出長寬各是多少英吋的點陣圖？ (A)長寬各為 1.2、0.8 (B)長寬各為 6、4 (C)長寬各為 12、8 (D)長寬各為 36、24。

( )12. 二進位數 11000011 和下列哪一個數值不同？ (A)十進位數 195 (B)十六進位數 C3 (C)八進位數 603 (D)四進位數 3003。

( )13. 十進位數值$(87)_{10}$ 相當於下列何者？ (A)$(1010101)_2$ (B)$(126)_8$ (C)$(57)_{16}$ (D)$(2221)_4$。

( )14. 下列哪一個與速度無關？ (A)GIPS (B)PPM (C)DPI (D)BPS。

( )15. 顯示卡以 1024×768，24bits 全彩顯示，最少需要多少的 Video RAM？ (A)512KB (B)2MB (C)3MB (D)4MB。

( )16. 關於社群網站的應用，請問下列何者錯誤？ (A)在社群網站上 PO 文、回覆或分享時，注重網路社交禮節為第一要務 (B)小羚去吃了一家排隊美食餐廳，可以用「打卡」告訴朋友餐廳所在地 (C)在網路上閱讀到喜歡的文章或聽到喜歡的音樂，想跟朋友分享，要利用「分享」功能，才不致侵權 (D)LINE 是知名的社群網站。

( )17. 海盜獵人索隆在休假島購置了一台數位相機，已知此相機使用 16G 的 SDHC 卡，最多能拍攝 4096×3072 的全彩 JPEG 相片 4096 張，請問其拍攝照片時使用的壓縮率是多少？(壓縮率 ＝ 壓縮後大小：原圖大小) (A)1:20 (B)1:9 (C)1:5 (D)2:1。

( )18. 魯夫的電腦安裝 Windows 作業系統，並設定以 1280×1024 為桌面的顯示解析度，採用 32 位元的高彩，請問至少需要多大的記憶空間？ (A)2MB (B)5MB (C)8MB (D)32MB。

( )19. 一張 4GB 的 SD 記憶卡，最多可存多少張 1280×1024 的全彩照片？ (A)100 (B)200 (C)500 (D)1000。

( )20. 1600 萬像素的數位相機所能拍攝全彩照片的解析度最高是多少？ (A)4544×3408 (B)3200×2400 (C)2048×1536 (D)4096×4096。

( )21. 下列何者的功能為用來匯集及分發網頁內容，使用者可透過其來訂閱 BLOG、新聞及留言板等服務？ (A)DNS (B)OS (C)CSS (D)RSS。

( )22. 魯夫一行人來到了磁鼓王國，娜美突然病倒了，必須前往有醫生的島嶼尋找救治，喬巴率先開車出去尋找，下列哪一種服務最適合用來規劃行車路線？ (A)Wikipedia (B)Google Maps (C)Yahoo Blog (D)Facebook。

( )23. 下列何者是一種用來定義網頁資料(如文字、表格、圖片等)的樣式及特殊效果的標準，在網頁中套用相同的樣式表，可建立風格統一的網站？ (A)BIOS (B)CSS (C)GPS (D)CMOS。

( )24. 下列何者不是 RFID 的應用？ (A)高速公路電子收費(ETC) (B)自然人憑證 (C)悠遊卡 (D)動物晶片。

( )25. 不正當地利用網路來做為廣播媒體傳送郵件給大量未提出要求的使用者，我們稱之為何？ (A)Spam (B)Netnews (C)VoIP (D)Web Mail。

計概超人 60 天特攻本
(110 年統測適用)

作　　者：夢想家資訊工場
企劃編輯：石辰蓁
文字編輯：詹祐甯
設計裝幀：張寶莉
發 行 人：廖文良

發 行 所：碁峰資訊股份有限公司
地　　址：台北市南港區三重路 66 號 7 樓之 6
電　　話：(02)2788-2408
傳　　真：(02)8192-4433
網　　站：www.gotop.com.tw
書　　號：AER054131
版　　次：2020 年 08 月十七版
　　　　　2021 年 01 月十七版二刷
建議售價：NT$250

國家圖書館出版品預行編目資料

計概超人 60 天特攻本：110 年統測適用 / 夢想家資訊工場著. -- 十七版. -- 臺北市：碁峰資訊, 2020.08
面；　公分
ISBN 978-986-502-575-5(平裝)
1.電腦
312　　109010482

讀者服務

- 感謝您購買碁峰圖書，如果您對本書的內容或表達上有不清楚的地方或其他建議，請至碁峰網站:「聯絡我們」\「圖書問題」留下您所購買之書籍及問題。(請註明購買書籍之書號及書名，以及問題頁數，以便能儘快為您處理)
http://www.gotop.com.tw
- 售後服務僅限書籍本身內容，若是軟、硬體問題，請您直接與軟、硬體廠商聯絡。
- 若於購買書籍後發現有破損、缺頁、裝訂錯誤之問題，請直接將書寄回更換，並註明您的姓名、連絡電話及地址，將有專人與您連絡補寄商品。